工程衛士
建設管家

王早生

二〇二二年八月十六日

2024中国建设监理与咨询

——项目管理咨询模式探索

组织编写　　中国建设监理协会

中国建筑工业出版社

图书在版编目（CIP）数据

2024中国建设监理与咨询.项目管理咨询模式探索 / 中国建设监理协会组织编写. -- 北京：中国建筑工业出版社，2024. 12. -- ISBN 978-7-112-30607-7

Ⅰ. TU712.2

中国国家版本馆CIP数据核字第20249KX095号

责任编辑：焦　阳　陈小娟
责任校对：王　烨

2024中国建设监理与咨询
——项目管理咨询模式探索
组织编写　中国建设监理协会
*
中国建筑工业出版社出版、发行（北京海淀三里河路9号）
各地新华书店、建筑书店经销
北京雅盈中佳图文设计公司制版
天津裕同印刷有限公司印刷
*
开本：880毫米×1230毫米　1/16　印张：$7^{1}/_{2}$　字数：300千字
2024年12月第一版　2024年12月第一次印刷
定价：35.00元
ISBN 978-7-112-30607-7
（44033）

目录 CONTENTS

中国建设监理协会工程管理与咨询分会成立大会在上海召开

2024年10月29日，中国建设监理协会工程管理与咨询分会成立大会在上海召开。中国工程院院士、同济大学教授吕西林，同济大学党委副书记刘润，中国建设监理协会会长王早生、副会长兼秘书长李明安，同济大学经济与管理学院党委书记施骞，以及全国各地监理行业的资深专业人士、全国高校工程管理专家的学者，共计近100人参加了本次会议。

会议第一阶段，中国建设监理协会副会长兼秘书长李明安宣读同意成立分会的批复，对分会成立的必要性予以肯定。

会议第二阶段，召开了工程管理与咨询分会第一届一次理事会。传达了中国建设监理协会关于分会负责人人选的批复，听取并审议通过了常务理事、负责人候选人情况的说明与常务理事、负责人选举办法，以及监票人、计票人名单。会议选举丁永刚等33人为第一届理事会常务理事；选举乐云为第一届理事会会长，徐帆为副会长兼秘书长，刘伊生、李小冬、李伟、杨卫东、何清华、倪飞、徐逢治、龚花强、薄卫彪为副会长。经中国建设监理协会工程管理与咨询分会会长提名、理事会审议同意，聘任李明安为分会名誉会长，聘任李永奎、袁竞峰、敖永杰为分会第一届理事会副秘书长。

会议第三阶段，进行了工程管理与咨询分会授牌与颁证仪式，为名誉会长、会长、副会长、秘书长、常务理事、副秘书长颁发证书。新当选会长乐云代表第一届理事会发言，简要介绍了分会成立的意义，并明确了未来的发展方向，对未来工作提出初步设想，期待与会员共同努力推动分会发展。

中国建设监理协会会长王早生发表讲话，对分会未来的发展，提出了四点要求：一是要提高站位，分会应主动承担推动行业高质量发展的历史使命；二是要自觉遵守协会规章制度和协会章程，不断提升分会在行业中的地位；三是要强化分会的服务功能，做到服务国家、服务社会、服务群众、服务行业；四是要大胆创新，突出特色。希望工程管理与咨询分会牢固树立为会员服务的理念，大力促进学科交叉来激发新思维、探索新路径、提供新方案，搭建更加开放、创新的合作交流平台，以取得显著成绩。

大会聚焦行业前沿，还举办了精彩的学术报告，东南大学原副校长、南京大学工程管理学院创院院长盛昭瀚教授以“数智赋能驱动打造重大工程优质品质”为题，中国船舶工业集团公司科技委常委张宏军以“复杂性应对之道”为题，华为战略研究院系统工程高级研究专家徐彬以“华为系统工程管理理论与实践”为题分别作了专题报告。学术报告紧扣行业发展的关键议题，内容丰富、视角前瞻，为与会者带来了关于工程管理与咨询行业未来发展的深刻启示。

本次会议得到了中国建设监理协会领导的高度重视、悉心指导和大力支持。中国建设监理协会工程管理与咨询分会成立大会顺利完成了各项预定议程，圆满闭幕。

中国建设监理协会工程监测与诊治分会成立大会在长沙召开

2024 年 12 月 15 日，中国建设监理协会工程监测与诊治分会成立大会在长沙召开。

会议第一阶段，召开工程监测与诊治分会第一届第一次会员大会。

出席本阶段会议的领导和嘉宾有中国工程院院士、重庆大学原校长周绪红，湖南大学党委副书记孙炜，中国建设监理协会会长王早生、副会长兼秘书长李明安，湖南大学土木工程学院党委书记刘文。全国监测与监理行业的资深专家、各高校工程检测监测领域的学者、师生代表共计 110 余人参加了本次会议。

会议由湖南大学土木工程学院副院长周云主持。中国建设监理协会副会长兼秘书长李明安宣读同意成立分会的批复，对分会成立的必要性予以肯定。分会筹备组代表陈大川作工程监测与诊治分会筹备情况报告。湖南湖大土木建筑工程检测有限公司总经理王海东对分会会员和理事候选人情况作了说明。会议表决通过了理事会理事选举办法、监票人和计票人名单，无记名投票选举产生了分会第一届理事会，万华平等 63 人当选第一届理事会理事。

第二阶段，召开工程监测与诊治分会第一届第一次理事会。

会议传达了中国建设监理协会关于分会负责人人选的批复，听取并审议通过了第一届理事会常务理事、负责人候选人情况的说明，常务理事、负责人选举办法以及监票人名单。会议选举万华平等 38 人为第一届理事会常务理事；选举周云为第一届理事会会长，陈大川为副会长兼秘书长，刘纲、张建、曾兵、李晓东、刘汉昆、蒋利学、高望清、黄勇、姜早龙为副会长。经工程监测与诊治分会会长提名、理事会同意，聘任李明安为分会名誉会长，聘任王海东、谈忠坤为分会第一届理事会副秘书长。

第三阶段，会议举行了分会授牌仪式，并进行了会长、副会长和秘书长的聘书颁发仪式。

新当选会长周云代表第一届理事会发言，他简要阐述了分会成立的意义，对分会未来工作提出了初步设想，并期待与会员共同努力，推动分会发展。湖南大学土木工程学院党委书记刘文发表讲话，祝贺分会成立。中国建设监理协会会长王早生作讲话，他指出：分会的成立正值国家建设高质量发展的关键时期，承载着行业的殷切期望与重要使命。希望分会全体成员凝心聚力、砥砺前行，开创工程监测与诊治行业的辉煌未来，为国家建设事业的蓬勃发展提供坚实保障。

大会聚焦行业前沿，举办了精彩的学术报告。中国工程院院士、重庆大学原校长周绪红教授以“风电塔结构事故与反思”为题，中国建设监理协会副会长兼秘书长、中国工程监理大师李明安以“新形势下工程监理发展与思考”为题，香港理工大学土木及环境工程学系夏勇教授以“青马大桥长期监测数据初探”为题，山东建筑大学张鑫教授以“高层建筑纠倾关键技术研究与应用”为题，重庆大学刘纲教授以“桥梁位移高精度微波雷达测量技术与应用”为题，西南交通大学潘毅教授以“考虑台地效应的泸定 6.8 级地震某框架结构震害调查与分享”为题分别作了报告；广东省建筑科学研究院集团股份有限公司教授级高级工程师高望清结合广东地区的典型事故案例，对大型大跨钢结构公共建筑的安全维护情况展开实地调研，指出了安全监测运维的关键因素，在标准应用实施方面进行了总结并给出建议。深圳市城市公共安全技术研究院有限公司金楠作了《天空地一体化监测预警技术研究介绍》的报告，北京中岩大地科技股份有限公司技术总监刘博作了《既有建筑地下室抗浮综合治理技术研究》的报告。

中国建设监理协会工程监测与诊治分会成立大会顺利完成了各项预定议程，圆满闭幕。

工程监理50人高级研讨班（2期）在苏州成功举办

为全面贯彻落实党的二十届三中全会精神，助力实施人才强国战略、创新驱动发展战略，加快培育工程监理行业新质生产力，提升工程监理企业高级管理者的水平与能力，促进工程监理行业高质量发展，2024 年 11 月 15 日至 11 月 16 日，由中国建设监理协会主办，上海市建设工程咨询行业协会、苏州市建设监理协会协办的“工程监理 50 人高级研讨班（2 期）”在苏州成功举办。中国建设监理协会会长王早生、副会长兼秘书长李明安，同济大学乐云教授，北京交通大学刘伊生教授，中国工程监理大师李伟、杨卫东、龚花强，上海市建设工程咨询行业协会顾问会长孙占国、秘书长徐逢治，苏州市建设监理协会会长蔡东星出席开班仪式。来自地方监理协会的会长、秘书长，全国工程监理企业的董事长、总经理、总工程师共 50 人参加了此次高级研讨班。高级研讨班由协会副会长兼秘书长李明安主持。

开班仪式上，副会长兼秘书长李明安指出，本次高级研讨班旨在提高工程监理企业高级管理者的水平及行业整体的专业水平和服务质量，进一步加强行业间的交流与合作，培养一批监理企业精英骨干，引领监理行业发展。他还就监理行业的发展谈了四点想法：一是要加大行业正面宣传，提升行业凝聚力和影响力；二是创新融合应用数字技术，促进行业改革发展；三是要加强行业智库建设，以标准化促进监理工作的规范化；四是要加强行业自律与信用体系建设，激励会员单位开展信用评价和诚信经营。

同济大学乐云教授以“设计管理咨询服务探索”为题，梳理了业主方的职责和定位、设计工作的性质和特点，并讲解了咨询企业如何提供设计管理咨询服务。

北京交通大学刘伊生教授以“高质量发展形势下的工程监理与咨询”为题，从工程建设高质量发展形势，工程监理行业发展现状及挑战，工程监理服务理念与发展方向等三方面进行授课。

本次高级研讨班设置了专家学者面对面研讨环节。中国建设监理协会会长王早生，同济大学乐云教授，北京交通大学刘伊生教授，中国工程监理大师李明安、李伟、杨卫东、龚花强等专家学者与参会人员围绕工程监理企业管理与发展新理念、全过程工程咨询中工程设计与管理的融合、工程监理行业改革发展的热点难点问题、新质生产力如何更好地赋能工程监理行业等内容进行研讨交流。

中国建设监理协会会长王早生作会议讲话。他表示，本次高级研讨班的成功举办，达到了预期的目的，希望大家能够多总结经验，开拓思路，积极为行业发展建言献策。他还谈了五点意见和希望：一是要认清形势，迎接挑战；二是要抓住改革发展机遇，拓展监理业务；三是希望监理企业做强做优做大，形成核心竞争力；四是要以新质生产力赋能监理行业高质量发展；五是要紧跟形势，加强学习，迎难而上。

会议最后，中国建设监理协会会长王早生、副会长兼秘书长李明安，同济大学乐云教授，北京交通大学刘伊生教授，中国工程监理大师李伟、龚花强、杨卫东为参会人员颁发了证书。

首届全国工程监理知识竞赛在山东济南成功举办

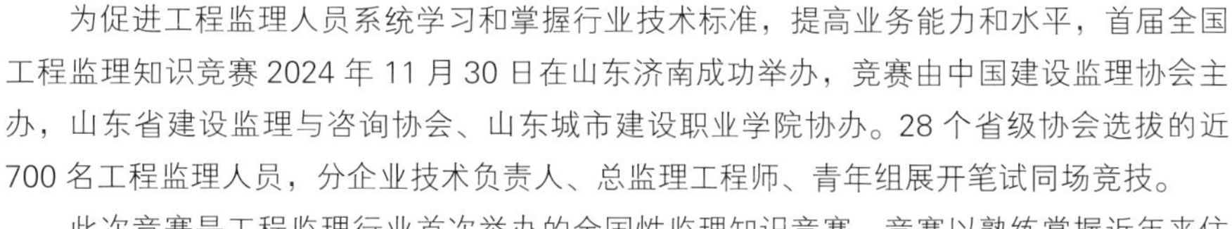

为促进工程监理人员系统学习和掌握行业技术标准，提高业务能力和水平，首届全国工程监理知识竞赛2024年11月30日在山东济南成功举办，竞赛由中国建设监理协会主办，山东省建设监理与咨询协会、山东城市建设职业学院协办。28个省级协会选拔的近700名工程监理人员，分企业技术负责人、总监理工程师、青年组展开笔试同场竞技。

此次竞赛是工程监理行业首次举办的全国性监理知识竞赛。竞赛以熟练掌握近年来住房和城乡建设部发布的强制性工程建设标准为目的，精选了现行《建筑与市政工程施工质量控制通用规范》GB 55032、《混凝土结构通用规范》GB 55008、《施工脚手架通用规范》GB 55023、《建筑与市政施工现场安全卫生与职业健康通用规范》GB 55034等四部通用规范作为考核内容。

各地协会高度重视，认真对待，积极部署组织地方预选赛，各会员单位积极响应，组织企业代表踊跃参赛，以赛促学，以赛促用，在全行业掀起了学习、争先的热潮。

本次竞赛专业性强，考题具有一定的深度和广度，全面考核参赛人员的理论知识和实践经验。竞赛的成功举办，为全国工程监理行业搭建了一个交流共进、开拓创新，提高工程监理人员业务能力和水平的平台，选手们通过竞赛，个人专业素养得到提升，能够更好地发挥工程监理作用，保障工程质量安全。

中国建设监理协会副会长兼秘书长李明安赴上海建科调研

2024年10月28日上午，中国建设监理协会副会长兼秘书长李明安，上海市建设工程咨询行业协会秘书长徐逢治等赴上海建科集团开展工程咨询业务数字化建设情况调研。上海建科集团副总裁江燕，集团总工程师周红波，集团市场总监、上海建科工程咨询有限公司党委书记、执行董事张强出席会议，上海建科工程咨询有限公司有关领导、战略市场部、科技创新部数字化建设团队等参加调研会议。

会议听取了上海建科工程咨询有限公司近年来数字化建设的探索和实践工作情况汇报，重点介绍了监理业务数字化平台建设、装备工具研发、数据智能应用等内容，并就监理行业数字化的建设与应用情况、监理工作数字化手段、监理工作价值提升等进行了深入研讨。与会各位表示，数字化手段的应用推广需要同步进行相关标准规范策划，提升行业地位；数字化建设应考虑全流程应用，从业务流程改造、数据价值挖掘到企业内部管理、行业标准顶层设计等多方面开展，充分发挥数字化效能。与此同时，工程咨询工作要明确数智化研究重点方向，围绕具体对象进行深度应用，在关键场景上率先突破并落地应用；要回到监理工作本质，提高监理工作显性度与服务价值。

中国建设监理协会副会长兼秘书长李明安充分肯定了上海建科在业务数字化方面付出的努力和取得的成绩，并指出，监理行业和企业要主动适应社会需求，充分利用数字化技术提高管理效率、提升服务质量、强化监理作用；要聚焦质量安全管理，力争在数字化手段上有所突破，实现场景应用快速落地；希望上海建科充分发挥工程咨询公司龙头企业引领作用，提升技术能力，提高行业凝聚力与影响力。

上海建科工程咨询有限公司团队表示，今后公司的数字化建设将不断加强系统性规划和综合性应用研发，同时在资源配置与优化方面充分考虑与高校和同行企业合作，持续扩大数字化建设视野与思路，为行业提质增效、升级发展贡献一份力量。

（上海市建设工程咨询行业协会　供稿）

行业有需求，协会有行动
2024年度华北五省市区个人会员业务辅导活动圆满落幕

2024 年 9 月 25 日，10 月 15 日、17 日、24 日和 30 日，受中国建设监理协会委托，由北京市建设监理协会牵头，北京市建设监理协会、天津市建设监理协会、河北省建筑市场发展研究会、山西省建设监理协会以及内蒙古自治区工程建设协会共同主办的 2024 年度华北片区个人会员业务辅导活动先后在北京市、天津市、石家庄市、呼和浩特市以及太原市举办。

9 月 5 日，北京市建设监理协会组织了“华北五省市区监理行业协会首次联席会”，围绕 2024 年华北五省市区中国建设监理协会个人会员业务辅导活动进行了策划。

此次活动以线上线下相结合的方式，聚焦监理行业痛点、难点、热点、考点和赛点，深入解读特定问题，更新监理从业人员法律法规与通用规范知识，旨在提高监理从业人员履职能力与业务水平，推动监理行业健康发展。

9 月 25 日，结合北京地区业务辅导培训活动，召开启动会，中国建设监理协会副会长兼秘书长、中国工程监理大师李明安代表中国建设监理协会，向与会人员及监理同仁致谢并肯定我国工程监理制度建立 36 年来的监理行业成绩。他指出：新一代信息技术与工程建设融合应用给行业带来机遇和挑战，传统监理行业难以满足高质量发展要求，改革势在必行，监理人员专业技能和服务水平是核心。未来，中国建设监理协会将引导监理行业通过自我创新实现高质量发展，适应新形势，学习新技术，提高人员素养和服务水平，以新模式创造新价值，重塑形象，为建筑业高质量发展作贡献。

中国建设监理协会副会长、北京市建设监理协会会长张铁明在致辞中表示：2024 年共安排 5 场系列培训，分别由 8 位监理大师及行业资深专家授课，内容涵盖新形势下工程监理行业发展对策、工程监理从业人员履职尽责能力提升路径，对 2022 年版国家标准 GB 55023、GB 55036 等建设领域通用规范，2024 年版行业标准《建筑与市政工程施工现场临时用电安全技术标准》JGJ/T 46 的重要内容进行解读，基本覆盖了中国建设监理协会计划在今年四季度举办的全国工程监理行业知识竞赛内容，希望有助于大家取得好成绩。

5 场培训共计超过 1100 名中监协个人会员代表亲临现场学习，线上扫码收看学习的个人会员超过 5.6 万人次，充分满足了不同会员的参与需求，取得了预期效果。

（北京市建设监理协会　供稿）

中国建设监理协会王早生会长在苏州考察调研

近日，中国建设监理协会王早生会长来苏州开展监理工作专项调研，旨在深入了解苏州建设监理工作的现状、面临的挑战以及未来的发展方向。中国建设监理协会行业发展部主任孙璐，苏州建设监理协会会长蔡东星、秘书长翟东升等领导全程陪同调研。

王早生会长深入走访江苏常诚与中诚咨询两家企业，实地了解监理企业情况。在江苏常诚，公司董事长王建国针对企业的发展情况进行了专题汇报，深入剖析了企业的发展现状，在谈到今后的发展方向时，王建国董事长表示企业将持续加大在技术研发与人才培养方面的投入，以适应日益激烈的市场竞争环境。在中诚咨询，公司董事长陆俊详细介绍了企业的基本概况，包括组织架构、业务范围以及在行业内的定位等多方面内容。

在调研过程中，王早生会长对苏州建设监理行业在保障工程质量、确保施工安全等方面所做出的努力和取得的成绩给予了高度评价和充分肯定。他指出，建设监理作为工程建设领域的重要环节，对于提高工程建设质量、保障人民生命财产安全具有不可替代的作用。苏州在建设监理工作中，积极主动地探索创新管理模式，勇于突破传统思维的束缚，不断加强人才队伍建设，为全国建设监理行业树立了良好的榜样。

（苏州市建设监理协会　供稿）

2024年度浙江省“耀华杯”无人机技能挑战赛圆满落幕

2024 年 11 月 14 日，由浙江省全过程工程咨询与监理管理协会主办，耀华建设管理有限公司等多家单位承协办的 2024 年度“耀华杯”无人机技能挑战赛在杭州盛大举行。本次竞赛旨在通过搭建竞技平台，促进无人机技术在工程咨询与监理行业的创新应用，提升行业从业人员的专业技能水平，推动行业高质量发展。竞赛汇聚了来自浙江省 9 个地市的 52 名优秀选手。

竞赛内容涵盖无人机操控技术、智慧影像采集、智能建模技术等三项技能。每项技能单独记分，并分别设立专项奖。同时，竞赛还设立了综合奖，以全面评价选手的综合素质和技能水平。

在无人机操控技术比赛中，参赛选手需在地面使用无线电遥控设备，在视距内操控多旋翼无人机执行“8”字飞行航线。这项比赛不仅考验了选手对无人机的操控能力，还考验了他们的应变能力和飞行技巧。

智慧影像采集比赛则要求参赛选手利用无人驾驶航空器（即无人机）搭载相机，以垂直角度对地面目标进行空中拍摄，采集图像数据。这项比赛不仅展示了无人机在影像采集方面的广泛应用，还考验了选手对无人机飞行轨迹的规划和图像采集的精准度。

智能建模技术比赛是本次竞赛的重头戏之一。参赛选手在完成正射影像采集之后，需要使用建模软件通过空中三角测量、像控点刺点等步骤，将原始影像转换为从垂直方向准确、无变形地反映地面实际情况的影像。这项比赛不仅要求选手具备扎实的建模理论基础，还要求他们具备丰富的实践经验和创新思维。

在闭幕式上，周坚会长作总结发言。他指出，本次大赛不仅是一次技能的比拼，更是一次互相学习、互相交流的盛会。他希望参赛选手以及广大从业人员能够借助此次比赛的契机，大力宣传无人机应用可以实现的目标，为推动智能化手段在咨询监理行业的广泛使用，实现行业服务质量的提高作出共同努力。

（浙江省全过程工程咨询与监理管理协会　供稿）

天津市建设监理协会组织召开《天津市建设监理行业自律公约》签约会

2024 年 12 月 11 日，天津市建设监理协会组织召开《天津市建设监理行业自律公约》签约会，首批 49 家受邀签约单位到场参会。会议由协会副会长兼秘书长赵光琪主持。协会理事、监事、各委员会专家代表共同见证签约仪式。

协会诚信自律委员会主任许梦博就《天津市建设监理行业自律公约》从建立背景、建立意义、公约条款三部分进行解读，呼吁工程监理同仁增强信心和底气，肩负起保障工程质量安全的责任和使命，加快发展新质生产力，助力行业转型升级，共同打造更加规范、专业，具有活力、凝聚力和影响力的工程监理行业。

首批 49 家监理企业均与协会签订了履行《天津市建设监理行业自律公约》的《监理企业履约保证书》，吴树勇会长代表协会与华泰监理、博华监理、勘岩监理等 6 家首批签约的监理企业代表在现场签订《监理企业履约保证书》，承诺共同维护市场秩序，加强工程监理行业诚信建设，促进行业健康发展。

签约单位天津市博华工程建设监理有限公司总经理龚长华代表首批签约单位做表态发言，他表示，行业自律的核心在于每一个企业的诚信自律，应以优化管理措施、提升技术水平、加强人才培养等措施积极适应市场和政策的变化，愿与监理企业同仁们一道携手共进，以自律为帆，以法规为桨，共同开创监理行业的美好未来！

此次签约会的举办，标志着协会在推动行业诚信自律、防止“内卷式”恶性竞争方面迈出了坚实的一步。

（天津市建设监理协会　供稿）

天津市建设监理协会第五届四次理事会顺利召开

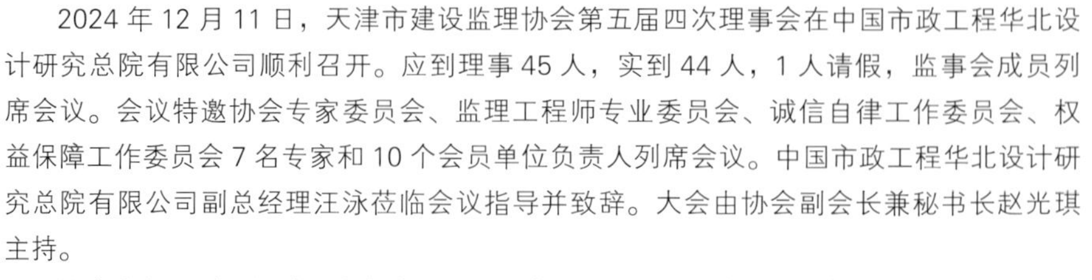

2024 年 12 月 11 日，天津市建设监理协会第五届四次理事会在中国市政工程华北设计研究总院有限公司顺利召开。应到理事 45 人，实到 44 人，1 人请假，监事会成员列席会议。会议特邀协会专家委员会、监理工程师专业委员会、诚信自律工作委员会、权益保障工作委员会 7 名专家和 10 个会员单位负责人列席会议。中国市政工程华北设计研究总院有限公司副总经理汪泳莅临会议指导并致辞。大会由协会副会长兼秘书长赵光琪主持。

协会会长吴树勇作《天津市建设监理协会 2024 年工作情况报告》，报告分别从协会党建工作、会员管理和服务工作、完成政府部门委托工作、促进行业发展工作、推进企业标准化进程、行业诚信自律建设、行业宣传工作、加强协会自身建设、承接中监协会议和活动等 9 方面进行了全面总结。希望全体理事团结协作共聚发展合力，为天津工程监理行业高质量发展贡献力量。

会议以举手表决的方式审议通过了《关于审议 < 天津市建设监理行业自律公约 > 的议案》《关于修订 < 天津市建设监理行业自律公约实施细则 > 的议案》《关于修订 < 天津市建设监理协会诚信自律委员会工作办法 > 的议案》《关于接纳单位会员的议案》《关于退会处理的单位会员的议案》《关于天津市建设监理协会秘书处各部门负责人任职的议案》《关于天津市建设监理协会车辆报废及购置的议案》等七项议案。

至此，天津市建设监理协会第五届四次理事会顺利完成各项预定议程，取得圆满成功。

新疆建设监理协会第一届四次理事会在乌鲁木齐顺利召开

依据《新疆建设监理协会章程》，2024 年 12 月 13 日上午，新疆建设监理协会在乌鲁木齐市召开协会第一届四次理事会。新疆维吾尔自治区住房和城乡建设厅工程质量安全监管处处长徐波到会并讲话，协会会长任杰及理事 50 余人参加了会议，监事列席会议，会议由会长任杰主持。

会上由秘书长田集伟作《2024 年工作情况和 2025 年工作安排的报告》，报告从协会党建工作、协会建设、促进行业发展、会员管理、服务政府等 5 个方面汇报了协会 2024 年开展的各项工作。监事赵建生同志作《2024 年度监事报告》。

理事会审议并通过了以下事项：《2024 年度财务报告》《关于发展单位会员的报告》《关于推荐会员单位成为理事单位的报告》《关于常务理事单位变更代表的报告》《关于理事单位变更理事代表的报告》《关于副会长单位申请降为会员单位的报告》以及《关于理事单位申请降为会员单位的报告》。

最后，新疆维吾尔自治区住房和城乡建设厅工程质量安全监管处处长徐波对行业提出三点意见：一是持续提升工程监理行业作用，二是积极推动行业转型升级创新发展，三是坚持加强协会建设做好会员服务。

本次会议完成了预定议程，取得了圆满成功。

（新疆建设监理协会　供稿）

住房城乡建设部关于印发《房屋市政工程生产安全重大事故隐患判定标准（2024版）》的通知

建质规〔2024〕5号

各省、自治区住房城乡建设厅，直辖市住房城乡建设（管）委，北京市城市管理委，上海市交通委，新疆生产建设兵团住房城乡建设局，山东省交通运输厅：

现将《房屋市政工程生产安全重大事故隐患判定标准（2024版）》印发给你们，请认真贯彻执行。

住房城乡建设部

2024年12月13日

（此件公开发布）

房屋市政工程生产安全重大事故隐患判定标准（2024版）

第一条　为准确认定、及时消除房屋建筑和市政基础设施工程（以下简称房屋市政工程）生产安全重大事故隐患，有效防范和遏制群死群伤事故发生，根据《中华人民共和国建筑法》、《中华人民共和国安全生产法》、《建设工程安全生产管理条例》等法律和行政法规，制定本标准。

第二条　本标准所称重大事故隐患，是指在房屋市政工程施工过程中，存在的危害程度较大、可能导致群死群伤或造成重大经济损失的生产安全事故隐患。

第三条　本标准适用于判定新建、扩建、改建、拆除房屋市政工程的生产安全重大事故隐患。

县级及以上人民政府住房和城乡建设主管部门和施工安全监督机构在监督检查过程中可依照本标准判定房屋市政工程生产安全重大事故隐患。

第四条　施工安全管理有下列情形之一的，应判定为重大事故隐患：

（一）建筑施工企业未取得安全生产许可证擅自从事建筑施工活动或超（无）资质承揽工程；

（二）建筑施工企业未按照规定要求足额配备安全生产管理人员，或其主要负责人、项目负责人、专职安全生产管理人员未取得有效安全生产考核合格证书从事相关工作；

（三）建筑施工特种作业人员未取得有效特种作业人员操作资格证书上岗作业；

（四）危险性较大的分部分项工程未编制、未审核专项施工方案，或专项施工方案存在严重缺陷的，或未按规定组织专家对“超过一定规模的危险性较大的分部分项工程范围”的专项施工方案进行论证；

（来源：住房城乡建设部网，以下略）

2024 年 9 月 23 日—12 月 30 日公布的工程建设标准

序号	标准编号	标准名称	发布日期	实施日期
		国标		
1	GB/T 51465—2024	《内河电子航道图工程技术标准》	2024/9/23	2025/1/1
2	GB/T 50082—2024	《混凝土长期性能和耐久性能试验方法标准》	2024/9/23	2025/1/1
3	GB/T 51464—2024	《海岸工程混凝土结构耐久性技术标准》	2024/9/23	2025/1/1
4	GB/T 50027—2024	《供水水文地质勘察标准》	2024/9/23	2025/1/1
5	GB/T 50854—2024	《房屋建筑与装饰工程工程量计算标准》	2024/12/13	2025/9/1
6	GB/T 50855—2024	《仿古建筑工程工程量计算标准》	2024/12/13	2025/9/1
7	GB/T 50856—2024	《通用安装工程工程量计算标准》	2024/12/13	2025/9/1
8	GB/T 50857—2024	《市政工程工程量计算标准》	2024/12/13	2025/9/1
9	GB/T 50858—2024	《园林绿化工程工程量计算标准》	2024/12/13	2025/9/1
10	GB/T 50860—2024	《构筑物工程工程量计算标准》	2024/12/13	2025/9/1
11	GB/T 50861—2024	《城市轨道交通工程工程量计算标准》	2024/12/13	2025/9/1
12	GB/T 50862—2024	《爆破工程工程量计算标准》	2024/12/13	2025/9/1
13	GB/T 50859—2024	《矿山工程工程量计算标准》	2024/12/13	2025/9/1
14	GB/T 51467—2024	《菲涅耳式太阳能光热发电站技术标准》	2024/12/26	2025/4/1
15	GB/T 51462—2024	《生态环境保护工程术语标准》	2024/12/26	2025/4/1
16	GB/T 50500—2024	《建设工程工程量清单计价标准》	2024/12/30	2025/9/1
		行标		
1	CJJ/T 320—2024	《悬挂式单轨交通技术标准》	2024/10/17	2025/1/1
2	JGJ/T 245—2024	《房屋白蚁防治技术标准》	2024/10/17	2025/1/1
3	JGJ/T 46—2024	《建筑与市政工程施工现场临时用电安全技术标准》	2024/10/17	2025/1/1
4	CJ/T 554—2024	《沥青混凝土再生剂》	2024/10/17	2025/1/1
5	CJJ/T 323—2024	《垃圾清运工职业技能标准》	2024/11/22	2025/2/1
6	CJ/T 555—2024	《住房公积金服务标准》	2024/11/22	2025/2/1
7	JGJ/T 502—2024	《预应力装配式混凝土框架结构技术标准》	2024/12/13	2025/4/1

建筑幕墙工程事前预控的监理工作

周小二　焦长春
北京兴电国际工程管理有限公司

摘　要： 本文介绍了建筑幕墙工程事前预控工作中的监理要点、监理交底等措施内容。有效的监理手段可使事前预控工作有管理、有方法、有保障；通过深入开展读图活动，深度理解幕墙深化设计图纸，优化节点，梳理工序难点、要点，明确工序质量目标，合理安排施工进度，能够使安全管理处于受控状态，实现事前预控的目标。

关键词： 事前预控；监理要点；监理交底；读图

事前预控要求监理人员在施工活动开始前必须对“做什么”“为什么”“如何做”等问题有一个整体筹划，结合“三控两管一协调”的监理工作内容，以预防为主，制定预控措施，及时调整，纠正实质性的偏差，可保证工程目标顺利实现。

一、事前预控工作的监理要点

（一）幕墙单位资质和人员资格证书审核的监理要点

一般情况下，幕墙专业分包单位在承担施工任务的同时，也具有深化设计的能力。在资质审核方面，需注重“设计”和“施工”两个方面的资质审核。按照《建筑幕墙工程设计专项资质标准》，审核幕墙深化设计单位的建筑幕墙工程专项设计资质等级；按照《建筑幕墙工程专业承包企业资质等级标准》，审核施工单位的建筑幕墙工程专业承包资质等级。除单位资质外，还需审查施工单位的营业执照、安全生产许可文件、类似工程业绩、分包单位项目负责人的授权书、专职管理人员和特种作业人员资格、分包单位与施工单位签订的安全生产管理协议等。

项目经理应在其建造师注册证书所证明的专业范围内从事建设工程施工管理活动，同时满足《注册建造师执业工程规模标准》中对工程规模的要求。

（二）幕墙施工组织设计方案的监理要点

通过对建筑幕墙施工组织设计方案的审核，可了解到施工单位对图纸内容的掌握情况和材料、人员、机械等各个环节的生产安排情况。

审核幕墙施工组织设计方案时，应从以下几个方面进行：①方案的编审程序是否符合相关规定；②方案是否具有针对性和可操作性，内容是否涵盖施工工艺、材料质量控制、劳动力资源和机械等资源投入情况、工期合理性、项目部机构设置、技术质量及安全管理体系、安全文明施工保证措施、场地布置等；③施工工艺的可行性和可靠性；④幕墙工程质量保证措施是否符合相关标准的规定；⑤施工进度计划是否能满足合同工期要求；⑥施工试验内容是否全面，复试指标和试验组数的计划是否满足规范、合同要求。

如某项目合同内约定需接受建设单位聘请的第三方检查，第三方对铝型材的化学成分、抗拉强度、抗剪强度、延伸率等进行了检查，其中化学成分和延伸率超出规范《建筑节能工程施工质量验收标准》GB 50411—2019 的要求。

（三）幕墙材料封样的监理要点

在铝型材、玻璃、铝板等主要材料封样前，建设单位、监理单位及施工单位可以共同到生产厂家进行现场考察，进一步了解材料的加工工艺、生产能力、供应能力等方面。

施工单位应按照合同约定品牌和设计图纸要求送样，当玻璃、铝板喷涂颜色经设计师确定可以满足建筑效果时，进行材料封样，建设、设计、监理及施工单位在样品上签字确认。

材料封样的目的是为大量主材进场验收提供标尺，也可让参建相关方在短时间内对图纸和合同中约定的材料有基本掌握，为大规模材料进场验收做铺垫。

（四）施工进度的监理要点

幕墙专业分包单位进场后的一段时间内，主要工作是项目部的组建、图纸的深化设计、材料选样和封样、材料供应、加工合同的签订、进场手续办理、建筑物实际尺寸的复核、专项施工方案编制、同施工现场各参建单位对接协调等。

编制、审核幕墙专业施工总控进度计划。要求施工单位提交“清单工作事项的专项计划”，应重点关注深化设计完成时间，材料加工周期、型材、面材等主要材料的进场时间，龙骨安装、面板安装的完成时间等。

监理部安排专业监理工程师主动对接、跟进、协调。在每周召开的监理例会上，监理工程师跟踪对比工程实际进度与计划进度的符合性；若出现滞后，监理部应收集资料、分析原因，提前告知施工单位进度管理的薄弱环节或受影响的因素，协助其解决，可督促其借助公司的资源解决或加大资源投入，追赶进度目标。

二、施工安全管理的监理工作

（一）危险性较大的分部分项工程的判定

根据《危险性较大的分部分项工程安全管理规定》，“建筑幕墙安装工程”和幕墙施工用的悬挑脚手架——“吊篮”属于“危险性较大的分部分项工程”；“施工高度 50m 及以上的建筑幕墙安装工程”和“分段架体搭设高度 20m 及以上的悬挑脚手架工程”属于“超过一定规模危险性较大的分部分项工程”。

如某项目建筑幕墙采用横明竖隐玻璃幕墙系统，层间为铝板幕墙，层间装饰铝板外挑长度 1.66m。施工作业时，吊篮直接架设在屋面上，首先施工玻璃幕墙部分，前支臂为正常长度 1.7m，此时吊篮属于危险性较大的分部分项工程（以下简称“危大工程”）；待玻璃幕墙施工结束后，向外立面方向加长支臂，楼层间有外挑铝板装饰带，装饰铝板外挑长度 1.66m，故吊篮的前吊臂需加长至 2.1~2.5m，才能满足装饰铝板的施工需要，此时吊篮属于超过一定规模的危大工程。

监理部结合工程特点，分析建筑幕墙或吊篮是否需要专家论证，避免发生施工单位为了节省成本规避专家论证的情况，以保证工程的施工安全。

（二）危大工程专项施工方案的监理审核

监理应严格按照《危险性较大的分部分项工程安全管理规定》的要求审核危大工程专项施工方案，内容包括：工程概况、编制依据、施工计划、施工工艺技术、施工安全保证措施、施工管理及作业人员配备和分工、验收要求、应急处置措施、计算书等。

危大工程专项施工方案需分包单位和总包单位的技术负责人审核，签字加盖单位公章，施工单位再向监理部报审。超过一定规模的危大工程专项施工方案，应当先通过施工单位审核和总监理工程师审查，再请专家论证。由总监理工程师审查签字，加盖执业印章后方可实施。

（三）安全保障体系和安全技术措施监理

督促施工单位建立健全安全管理制度，落实各级安全责任制；监督施工单位是否严格按照专项施工方案落实，安全技术措施是否到位。

检查施工单位对进场作业人员的三级教育、技术交底、安全交底等。

对特种作业人员的证件审核，如电工、焊工、高处作业吊篮安装拆卸工等特种作业人员资格。

三、深化设计图纸的监理工作

（一）幕墙深化设计图纸的监理要点

根据《建筑装饰装修工程质量验收标准》GB 50210—2018 的要求，承担建筑装饰装修工程设计的单位应对建筑物进行了解和实地勘察，设计深度应满足施工要求；幕墙工程验收时，应检查建筑设计单位对幕墙工程设计的确认文件。

对于幕墙深化设计图纸，监理部应检查图纸是否经建筑设计单位签字、盖章确认；幕墙气密性、水密性、抗风压性能及平面内变形的四性试验指标是否满足原设计要求；材料的节能和防火等关键参数是否满足原设计要求等。

监理工程师协调幕墙和其他专业图纸之间的配合及节点闭合处理。如幕墙专业深化设计时，在结构正负零、伸缩缝、女儿墙等区域，设计单位一般仅考虑自身专业的节点做法，未从整个工程角度（涉及土建、幕墙、园林专业）考虑防水或节能、节点的整体施工，设计图纸节点不能直接指导施工。经验丰富的监理工程师可结合工程经验和现场实际，对该部分节点提出优化建议。

（二）读图活动助推工程监理预控工作提升

针对不同图纸内容议题，监理分阶段组织建设单位、总包单位、幕墙专业分包单位管理人员开展读图活动。主要分析工程难点，深入理解重点部位的图纸节点，梳理技术要求、技术难点、工序要点、工序停滞点、质量标准要求及质保措施等内容。

如某项目的层间造型铝板，深化设计为两个铝板分格为一组（长度2.6m），在加工区整体焊接后安装。在读图时，结合现场实际，监理建议修改为单片焊接、作业面组装，化整为零，独立挂接；经设计确认后实施，大大解决了现场材料提升困难问题，降低了施工难度，提高了劳动效率。

深化设计图纸关键节点的分解，如层间装饰铝板内侧设置水平伸缩缝，水平伸缩缝使用“硅胶皮和铝合金板”材料，层间安装工序较多，水平伸缩缝是渗漏的隐患点。读图时，将该节点细化，分解工序检查验收：转接件焊接质量检查→铝型材安装检查→保温岩棉安装检查→伸缩缝硅胶皮（交接位置使用专用胶粘结）→铝合金伸缩缝板安装→铝板安装及打胶→淋水试验→层间装饰铝板钢架安装检查→层间装饰铝板安装质量检查。

四、事前预控的监理措施

（一）监理交底会

在施工单位进场伊始，首要工作是对建筑幕墙专业施工单位进行监理交底。通过监理交底，让施工单位了解监理部的工作流程、相关管理制度，以及质量控制、造价控制、进度控制、合同管理、信息管理及安全管理的监理工作内容与所采取的措施。

监理部执行“计划先行、方案先行、样板先行”制度，施工进度督促及报告制度，隐蔽工程、分项（部）工程质量验收制度，工序样板制度，班前安全教育制度，专职安全员检查和兼职安全员巡视制度，以及安全专项检查制度等。

监理的主要工作流程有资质报审流程、施工资料报验流程、进场物资检查验收流程、见证取样流程、设计变更流程、工程形象进度确认流程、工程款支付流程等。

（二）编制监理实施细则

在建筑幕墙施工组织设计方案和专项施工方案的基础上，分别编制建筑幕墙监理实施细则和危大工程监理实施细则（侧重于危大工程的监督）。实施细则中明确工序的控制要点和检查、验收内容，安全监理的方法、措施。主动做到以预控为重点，监督施工单位的质量安全管理体系、技术管理体系的落实情况。

（三）管理人员不足的监理措施

施工管理的好坏，人的作用是至关重要的。建筑幕墙施工企业为节省管理成本，管理人员配置数量远少于合同约定的数量，通常是一人多岗，管理存在空白区。从经验判断，现场材料、进度、质量、安全管理问题较多，归根到底是管理人员不足造成的。

为解决该难题，监理部主动与建设单位、施工单位沟通，统一思想认识：施工单位是现场管理的第一责任人，施工单位自身管理活动直接影响工程的施工进度、质量及安全隐患处理结果。依据施工合同条款约定，监理部以口头或书面指令形式提出合同内人员配备的数量要求；若施工单位未按合同要求配置满足施工管理的人员，监理部可采用合同内约定的措施，对施工单位进行经济处罚；采用经济手段使施工单位增加管理人员，督促施工单位的人员配备满足施工管理需要，避免管理存在空白区。

施工单位的管理人员配备到位后，监理审查组织架构、任务分工，监督其管理体系的执行情况。

结语

事前预控也是事前控制，梳理建筑幕墙工程监理要点，明确单位资质审核、深化设计图纸核查、方案审批、材料封样、进度预控、安全监督等重点内容。监理交底能够使施工单位更快地适应管理，以施工单位项目人员配备为抓手，充实一线管理力量，压实直接管理者责任。持续开展读图活动，集思广益优化节点做法，既有利于幕墙的日常生产安排，也对施工质量起到了预先控制的积极作用，助推工程监理预控工作提升。

键槽式支撑脚手架在北京大兴国际机场航站区与核心区地下人防工程中的应用

谢　岩
京兴国际工程管理有限公司

摘　要：本文通过对比分析承插式盘扣脚手架、承插型键槽式脚手架的相关特性指标，从工程监理的角度阐述了承插型键槽式支撑脚手架在北京大兴国际机场航站区与核心区地下人防工程中的应用。

关键词：键槽式支撑脚手架；工程监理

一、工程概况

北京大兴国际机场航站区与核心区地下人防工程位于航站楼北侧中央绿地下方，是利用城市规划中的存量资源（绿化用地），高效集约地容纳航站楼未配建的全部人员掩蔽设施和部分物资库设施，并提供充足规模的公共服务空间的综合性工程，在整个北京大兴国际机场规划中具有重要作用。本工程南北向长 815m，东西向宽 90~160m，占地面积约 103000m^2，总建筑面积 183390m^2，地上部分 3000m^2，地下部分 180390m^2，其中包含人防建筑面积 59000m^2。

因本工程紧邻在施的京雄高铁和地铁机场线，施工作业场地被占用，导致实际场地移交和开工时间比计划时间延迟数月。受 2019 年“保通航”的限制，造成实际工期被压缩近半年时间，根据整体进度计划要求，留给主体结构的有效施工时间仅为四个月，工期十分紧迫。而且项目体量大，结构设计复杂，梁、板、墙、柱构件标高及尺寸变化较大，施工质量控制及安全生产管理难度加大。

二、键槽式脚手架应用情况

（一）脚手架选型

本项目工期紧迫且周边环境复杂，如何在保证施工质量、按期完工的前提下，做到安全施工是参建各方均需统筹考虑的工作重点。受土方回填时间节点限制，主体结构施工周期被极大压缩，本项目质量安全管控的重点主要集中在主体结构施工阶段。

在主体结构施工阶段，模板脚手架支撑体系是极为关键的风险控制项，其选型不仅关乎质量安全，也直接影响工程进度和管理难度。施工单位在脚手架选型决策过程中通常将降低成本作为首要考虑因素，即在满足质量、安全基本需求的前提下，尽可能采用更加经济的脚手架类型以提高性价比，如碗扣式脚手架。项目监理机构出于对项目质量、安全事前控制的目的，建议在选择模板支撑脚手架类型中尽可能地综合考虑确保工期所面临的各项风险因素，选择更加可靠的模板脚手架支撑体系。

经与施工单位沟通，并根据常见支撑脚手架类型工作性能分析比较结果，最终与施工单位达成一致意见，将本项目模板支撑脚手架类型范围选定为盘扣式脚手架和键槽式脚手架。

脚手架类型选择范围确定后，项目监理机构组织施工单位进行了两种脚手架的综合分析对比（表 1），由于承插式盘扣脚手架较为安全的构造特点且有可参考的行业规范《建筑施工承插型盘扣式钢管脚手架安全技术标准》JGJ/T 231—2021，因此计划优先选用盘扣式脚

盘扣式脚手架与键槽式脚手架相关指标对比表 **表 1**

类型指标	盘扣式脚手架	键槽式脚手架
支撑体系特点	新型体系，稳定、安全，国家推广，标准化配件多[1]	顶部设置加强横杆，无自由端，替代主龙骨，节约材料。节点接近刚性，上大下小的锥扣及插头具有自锁紧的功能，配件少[2]
租赁价格	9.8 元 /（t·天）	6.2 元 /（t·天）
施工效率	杆件多，施工效率一般	杆件少，操作更快，工效提高 1.5~2 倍
检查便利性	可目视判断节点是否锁紧有效	可目视判断节点是否锁紧有效
运输周转	存在插接盘，不便打包运输	便于成捆打包，配件不易丢失损坏

手架。因工期较紧，构件需求量大，考虑到盘扣式脚手架搭设及周转效率相对较慢，结合工程结构特点及各流水段施工进度需求，经过各方讨论研究后，在不同施工部位分别采用盘扣式脚手架和键槽式脚手架，以同时兼顾经济与进度。

（二）键槽式脚手架应用前期准备

键槽式脚手架具有节点传力明确、安装工效高、便于运输、租赁成本低等较为突出的优点，虽然已有多项成功应用的工程案例，但尚无国家或行业统一的规范标准。为确保键槽式脚手架在本项目能够安全应用，项目监理机构加强预控管理，督促施工单位提前启动施工方案编制工作，并在编制过程中介入进行方案预审，为后期方案论证及优化预留了充足的时间。

在本项目键槽式脚手架施工方案审核过程中，项目监理机构组织主管安全的监理人员与专业监理工程师共同参与了审核工作，针对方案中存在的实质性问题及时提出了书面修改意见。

项目推进过程中，施工单位以相关法律法规没有明确规定为由，拟不组织键槽式脚手架施工方案的专家论证。项目监理机构与施工单位就键槽式脚手架施工方案论证与否存在一定分歧。项目监理机构提出键槽式脚手架因目前缺乏国家、行业和北京市地方规范标准，应当参照住房城乡建设部实施的《危险性较大的分部分项工程安全管理规定》的相关规定，按照“四新”技术处理，通过组织专家论证，明确不同部位的架体构造措施，确保结构施工安全。

本项目中有关键槽式脚手架专项施工方案审核的具体流程及要点如图 1 所示。

在键槽式脚手架施工方案论证过程中，项目监理机构积极参与，充分利用专家论证的机会，向各方反馈监理方的意见。在专家论证会上，针对专项施工方案中的计算依据、计算过程等核心内容是否满足现场实际情况及规范要求，监理机构关注的架体选型、理论依据、特殊部位处理等事项，监理方及时与专家进行面对面沟通并得到专家的回复。由于键槽式架体自身结构安全性优于传统碗扣式架体，参照碗扣式架体的规范进行安全计算复核，进一步确保了键槽式脚手架的使用安全。

为保证项目过程管控力度，项目监理机构建立了专门的查验组织架构，根据工程实际情况及施工段划分设置了工作小组，由一名经验丰富的监理人员任组长，各小组人员配置数量能够满足连续作业需求，同时制定了与工作开展、

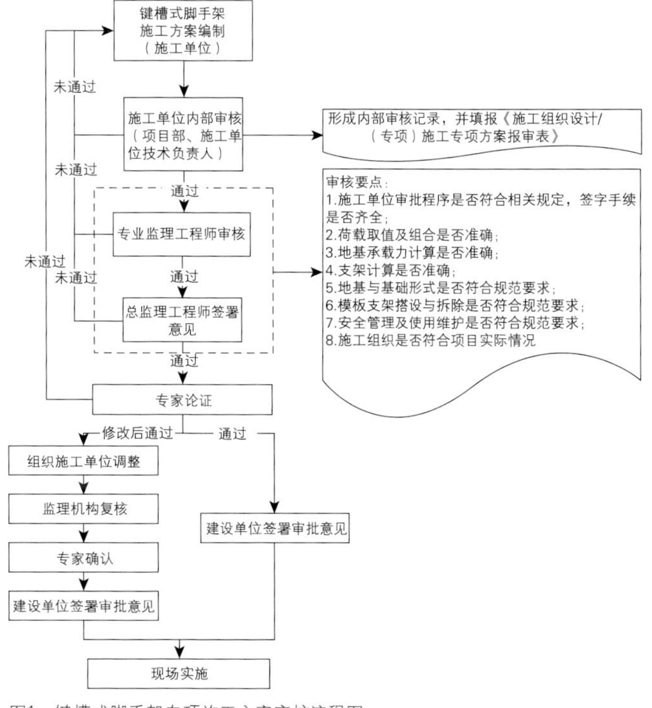

图1 键槽式脚手架专项施工方案审核流程图

协调配合管理等相关的十余项管理制度，明确了各岗位人员的工作职责，做到了现场工作责任明确，界面划分清晰。

结合专家论证通过的键槽式脚手架施工方案及内部管理制度的相关内容，项目监理机构编制了监理实施细则，经总监理工程师审批通过后，项目监理部组织了监理专项交底会议，向施工单位相关人员进行了专项交底，对键槽式脚手架的构造特点、控制重点等内容进行了重点强调，并要求施工单位严格实施。

（三）键槽式脚手架应用现场管理

在键槽式脚手架材料进场搭设前期，项目监理机构对架体材料进行了进场验收，并依据施工方案内容组织了材料复试，复试合格后，组织施工单位严格执行“首段首件样板制度”，督促施工单位进行了键槽式脚手架样板搭设，经过整改、验收后，同意施工单位展开大面积搭设。

脚手架体搭设及使用过程中，项目监理机构参照危险性较大的分部分项工程巡视的相关要求，对键槽式脚手架体进行了专项安全巡视，细化巡视标准和内容，加大巡视频次，并做好巡视记录，确保搭设和使用过程中的持续监控。

相关架体拆除前，项目监理机构对拆除申请及相关配套资料进行了细致审核，结合相关资料对结构拆除前的实体强度进行了判断，对架体拆除交底记录进行了抽检，做到了拆除阶段的事前控制、事中控制，有效确保了架体的安全拆除。

三、启示和建议

通过本项目键槽式脚手架的选择及应用，项目监理机构进一步总结了相关管理经验。

1. 项目监理机构目前对现场管理的重点为质量控制和安全管理，但对于特殊要求的项目，项目监理机构在进场后应认真组织熟悉结构图纸，掌握结构特点、构件特征和构件分布情况，充分考虑施工进度、技术经济等因素，加强事前控制；根据项目需要，从多个角度综合考虑项目的实际需求，主动作为，前置管理，提升监理服务质量。

2. 施工准备阶段，项目监理机构应与施工单位进行沟通协调，提前获得施工部署和施工计划的动态信息，提前了解施工单位对模架体系选型等有关工程质量、安全管理的决策意向，结合项目实际情况综合分析建设风险，对政策环境、市场变化、价格、进度、操作难易度、安全性等多方面进行整体评估，提前介入提出合理化建议。

3. 在大型复杂工程中，施工方案的编制一般要综合考虑设计要求、材料供应、技术难度、作业能力、人工效率、安全保证、周边环境等多种因素。监理机构应提前进行施工方案的分析论证，及时发现问题并督促施工单位优化完善，有效确保施工方案的合理性和针对性，进一步遏制违规施工现象的出现。

4. 项目监理机构应充分重视并珍惜与专家沟通交流的机会。在专家论证之前，应对需明确的问题进行分析和总结，尽可能提出监理方的解决措施和建议，有准备地与专家沟通，以提升沟通效率。针对专家提出的建议，项目监理机构参与人员应当做好记录，并进行后续研究分析，理解类似问题的解决思路和处理方式。

5. 项目监理机构正式开展工作前，项目总监理工程师应牵头制定相应的工作制度，包括但不限于界面划分、工作流程、配合协调、事故事件响应处理程序等，在工作制度制定过程中，总监理工程师要组织项目监理机构全员参与，以确保参与人员对自身工作范围、工作界面、工作流程做到心中有数。

6. 项目监理机构应严格落实样板制度及过程验收制度，在危险性较大的分部分项工程施工过程中，按照相关程序做好各个关键点的预控和过程管理，以减少项目执行过程中的责任风险。

7. 监理企业及项目监理机构应当建立正确的安全管理意识，持续完善安全管理制度，做到真正意义上的全员参与现场安全管理，不能简单地将安全管理的责任和工作任务完全委派给现场的专、兼职安全监理人员，相关专业监理工程师均应承担其专业和管理范围内的安全管理责任。

结语

任何一项工程都是一个“复合体”，有着自身的特点，需要监理人员明确自己的工作职责，将各项工作落到实处。在监理工作中，还需要不断总结工程监理的经验和教训，不断汲取新的知识，结合工程实际，提高站位，只有采取科学主动的工作方式开展监理工作，才能使监理作用发挥到最佳水平，体现监理服务的价值。

参考文献

[1] 姚兴海．盘扣式脚手架的特点及施工分析[J]. 中国建筑金属结构，2021，11（20）：124-125.
[2] 薛刚，李松岷，霍永君，等．承插型键槽式脚手架在工程建设中的应用[J]. 施工技术，2014，43（23）：4-7.

地铁附属出入口暗挖穿越施工安全管控要点

祁春辉
北京赛瑞斯国际工程咨询有限公司

摘　要：北京地铁9号线六里桥站B2出入口为缓建工程，项目位于G4京港澳高速公路辅路与莲怡园东路交叉口西北角，暗挖段施工垂直下穿G4京港澳高速公路，上穿北京地铁10号线盾构区间，2021年4月中旬开工，年底前交付使用，工程工期紧、技术复杂、安全风险大。本项目以浅埋暗挖施工"十八字"方针为指导，严格按照设计图纸要求，采取有效的技术方法，确保了施工安全。本文论述了监理在暗挖施工过程中的管控重点、要点、难点及应急处置措施。

关键词：出入口；暗挖施工；"十八字"方针；穿越；注浆

一、工程概况

自2011年底北京地铁9号线建成通车，六里桥站B2出入口因各种原因多年延缓开通，给京港澳高速北侧居民出行带来不便，为方便京港澳高速北侧居民出行乘坐地铁，本工程定于2021年底将B2出入口建成开通。

该出入口施工由6个竖井组成，采用"倒挂井壁"法跳仓施工，全长35.52m。暗挖段通道断面结构为圆拱一直墙形式，全长64.65m，拱顶覆土厚度5.1~5.5m，采用矿山"CD法"施工，暗挖段依次穿越广安路、G4高速路、G4高速北侧辅路，在风荷曲苑小区的南侧绿地地下与竖井段贯通。该工程难点在于暗挖段需下穿G4京港澳高速公路，上穿北京地铁10号线盾构区间（六里桥站—莲花桥站）左、右线。经过前期施工实测到的地下水位高程为23.5m，B2出入口基底高程位于地下水位线以上，施工过程中未出现地下水。

二、施工管控重点

B2出入口暗挖通道横断面结构尺寸为6400mm×5770mm（宽×高），采用"CD法"施工，在通过京港澳高速正下方时为确保施工安全，由"CD法"变更为"CRD法"+工字钢临时仰拱，暗挖段初支采用单层钢筋网片+格栅钢架+纵向连接筋+超前小导管+锁脚锚杆+喷射混凝土+初支背后注浆的结构形式，初支喷混厚度为300mm。拱顶采用超前小导管注浆，穿越段采用超前深孔注浆。通过对各土层的分析，结合本工程地质、水文等条件，综合考虑注浆效果、工期、造价等，选择水泥—水玻璃双液浆。

1.暗挖通道土体加固注浆是施工控制的重难点

管控措施：①采用巡视、旁站、检查验收等监理工作手段，督促施工单位严格按照设计要求、施工方案、注浆技术交底等进行注浆，确保注浆管打设角度、注浆量及注浆压力等符合设计要求；②督促施工单位对注浆效果进行检测，在B2出入口结构初支施工时设置试验段，以检验设计参数、施工质量控制效果等；③定期检查注浆设备的完好性，督促施工单位严格控制注浆压力，严禁出现注浆压力控制不规范的问题。

2.马头门破除施工

马头门是结构受力的转换处，土

体扰动多，受力复杂，为保证马头门破除安全，破除马头门之前在通道内增设“门”框梁，框梁采用I25a型工字钢与20mm钢板进行焊接。明挖基坑内马头门施工前，打设双排小导管对暗挖地层进行超前注浆加固，洞口位置密排3榀钢格栅，第一榀钢格栅必须架立于围护桩侧壁内，桩基破除时保留桩基主筋并用L形钢筋与出入口钢格栅连接成整体。

管控措施：①马头门破除应严格落实条件验收中的各项内容；②初支扣拱马头门开启前，进行拱部超前注浆加固地层，开挖邻洞错开8~10m，每个台阶纵向步距为3~5m；③马头门破除后应先观察掌子面土质情况及水文情况，若掌子面不稳定或处于有水状态，应立即初喷一层混凝土，采取防坍措施；④严格按照浅埋暗挖法“管超前、严注浆、短开挖、强支护、快封闭、勤量测”的“十八字”方针施工，及时封闭成环；⑤马头门喷射混凝土前，在洞口区域埋设回填注浆管，待封闭成环，掌子面开挖向前一定距离后及时回填注浆；⑥马头门破除过程中加强监测，根据监测情况及时调整支护参数；⑦严格按照施工设计图、规范标准、施工方案等进行工程施工质量验收工作。

3. 土方开挖

土方开挖应严格按照设计要求进行，规范留置核心土，确保开挖面稳定。土方开挖面附近按要求配备应急物资，做好应急演练等工作，防止出现突发事件。

4. 钢格栅加工与安装

B2出入口土方开挖完成后，根据测量十字线检查净空，待净空检查合格后，开始架立钢格栅。钢格栅每50cm设置一榀，钢格栅架立时必须严格按照测量组放的标高和中线控制线进行。钢格栅架立应先调水平后调中线，再核对水平、中线，反复调整直到中线和水平符合质量要求。钢格栅应水平，循环进尺要准确，连接螺栓拧紧上齐，特别要注意连接板的密贴情况。钢格栅架立完成后安装连接筋，挂钢筋网片，连接筋采用ϕ22钢筋，双层梅花形布设，环向间距1m，采用机械连接，钢筋网采用ϕ6、150mm×150mm网片，单层布设，网片搭接长度为一个网格。钢格栅经检查验收合格后及时喷射混凝土，封闭掌子面。喷射混凝土完成后必须及时修整，表面应平整顺直、内实外光。

管控措施：①项目受场地条件限制，钢格栅为委外加工，验收分为加工厂验收和进入施工现场验收，确保选择合格的格栅钢架，格栅钢架架立前首先对其外观和格栅尺寸进行检查，焊接质量尤其是连接板处的焊接质量是检查的重点；②必须保证初支拱部高程，严格按照测量控制线进行拱顶高程控制；③格栅安装过程中必须严格控制导洞初支净空，保证二衬结构的厚度；④格栅架立必须保证同榀格栅里程同步，严格按照测量放样结果控制同步里程，测量组严格按照每5m一次准确里程放样进行施工测量控制，在曲线段尤其重要；⑤利用挂线绳实测格栅架立后的垂直度，在不满足验收标准时及时进行调整；⑥格栅架立定位完成后，及时进行连接筋的安装，注意为下一循环施工预留足够的搭接长度。

5. 早封闭

尽可能减少开挖面的暴露时间，开挖完成后及时架立钢格栅，及时喷射混凝土。在特殊段施工时可以缩短开挖步距，以减少暴露时间，达到早封闭的效果。

6. 背后注浆

格栅架立时，按照设计要求打设初支背后注浆管，注浆管外露100mm，以便接管注浆，并用棉纱塞紧孔口，然后再喷射混凝土。当距离开挖面5m后，开始背后注浆，目的是充填一次支护背后的空隙和加固因施工而被扰动的土体，从而减少地层和地表沉降，控制初支的变形。

7. 加强监测、反馈施工

信息反馈是暗挖施工的重要组成部分，通过施工监测掌握地质、围岩地层、支护结构、地表环境等的变化情况，及时采取应对措施，保证施工安全。

三、暗挖穿越施工管控要点

1. 下穿G4京港澳高速管控要点

B2出入口暗挖通道施工下穿G4京港澳高速公路辅路、京港澳高速公路、广安路及众多地下管线，如何确保地面沉降不超设计值，是本工程的重难点之一。本工程在辅路施工前经产权单位、业主单位、设计单位等各方同意，对辅路临时封控，在开挖面正上方敷设一层钢板，在通过京港澳高速主路时，受施工环境等各方面影响，地面未能采取预防措施，洞内暗挖施工由“CD法”改为“CRD法”+工字钢临时仰拱，确保施工安全。

管控措施：①通过巡视、旁站、检查验收等手段，监督施工单位在暗挖通道开挖前，按照设计图纸要求分区域对开挖土体进行深孔加固注浆，严格控制注浆压力、浆液配比、注浆量等参数；②开挖过程中严格督促施工单位遵循浅埋暗挖法“十八字”方针，按照设计要求和施工方案进行开挖，开挖前对作业人员做好技术交底；③对洞内超前支护注浆及初支背后回填注浆进行监理旁站；④对暗挖施工关键工序进行施工前条件验收，确保施工条件满足规范和设计要求；⑤重视监控量测工作，认真审核施工单位的监测数据，认真做好监测数据对比工作，督促施工单位做到信息化施工；⑥对G4京港澳高速车流量进行调查，暗挖施工应尽量避开大车流量时间段。

2. 上穿既有线北京地铁10号线施工措施

施工前的保护措施：①在工程实施前对北京地铁10号线六里桥站—莲花桥站施工影响范围内区间进行工前监测、评估并形成报告；②将评估报告上报甲方与地铁运营单位，然后结合甲方、地铁运营单位、设计单位的意见及相关规范，确定合理的变形控制指标，制定详尽的施工方案、应急预案及风险点管理办法；③施工前组织空洞普查，形成空洞普查报告，对于不良地质地层或地面空洞预先从地面进行处理，使其不与出入口结构发生同等变形沉降。

施工期间的保护措施：①暗挖通道开挖前分区域对开挖土体进行深孔加固注浆，做好注浆旁站；②开挖过程中严格遵循浅埋暗挖法“十八字”方针；③下穿暗挖施工安排在夜间，地铁10号线停止运营时施工；④加强暗挖施工关键工序控制和监控量测。

四、应急处置措施

1. 坍塌应急措施

坍塌处理的第一措施在于人员撤离，及时封闭掌子面，控制坍塌；立刻随后注入填充物，回填孔洞，改善周边围岩稳定性，确保后续施工安全。因此，掌子面附近的应急物资如方木、钢筋网片、加气砖等是必备材料，开挖前严格按照要求配备应急物资，施工过程中不得随意挪动。

若发生坍塌按以下步骤处理：①一旦发生坍塌事故，值班人员立即上报，项目经理启动应急预案，组织向事故现场调配抢险备用的机械设备、物资及人员，进行抢险救援，当险情危及人身安全时，人员要撤离危险区；②暗挖通道内准备足够的应急物资，一旦发现有坍塌现象，立即封堵支顶，喷射混凝土封堵掌子面，防止坍塌和减少地面沉降；③当塌方段有渗水时，对渗水进行引流处理，防止渗水软化塌方土体，引起连续塌方事故；④对于一般坍塌段用方木、工字钢支撑塌方掌子面，及时挂网喷射混凝土封闭坍塌土体，并对距离掌子面5m范围内初支采用工字钢支撑进行加固，喷射混凝土封闭后及时注浆回填；⑤待土体达到强度要求后可破工作面，开挖过程中增加小导管数量，调整超前支护注浆浆液的配比及注浆压力，控制开挖进尺，避免开挖临空时间过长；⑥发生坍塌事故后，项目部应立即组织人员对塌方段上方道路进行交通疏散，严禁车辆、行人从塌方地段上方通过，对事故现场立即采取回填处理；⑦必要时组织专家讨论分析原因，采取有效控制措施。

2. 冒浆应急措施

由于本工程覆土厚度较小，在注浆过程中很容易出现冒浆情况，所以注浆过程中要认真观察地表的变化情况，严格控制注浆压力和注浆量，由于浆液的进入会引起地层变化，封闭强度较低的地方可能会先冒出浆液，这就需要在冒浆处加以堵塞，必要时采取间歇注浆的方式，以保证浆液有效地注入地层。

3. 地表沉陷应急措施

B2出入口结构在道路下方，因此当地表出现沉陷时，应尽量降低对地面交通、车辆、行人的安全影响：①一旦发生地表沉陷，立即对地面道路进行交通疏解，避免车辆和行人靠近坍坑；②项目部立即启动应急预案，组织抢险队伍对坍坑进行回填处理，防止坍坑扩大；③加强施工监测，关注变形趋势；④当沉陷可能危及周围建筑物、管线或居民生命财产安全时，应立即报告上级有关单位，并协助疏导人员，保护建筑物；⑤出现人员伤亡时，应立即联系公安、消防、医院等社会救援力量。

结语

北京地铁9号线六里桥站B2出入口在工期紧张等各种压力下，通过项目全员努力，顺利开通运营，暗挖施工段整体沉降控制在设计要求范围内，施工安全质量得到了保障，工程项目如期交付使用。

城市轨道交通建设是我国轨道交通行业的重要组成部分，近年来得到快速发展。不断新增运营线路，全国地铁运营里程数每年不断上涨，浅埋暗挖法施工是市区施工常用的方法，在以后的施工中穿越施工会越来越多，如何确保施工安全和不影响运营线路是重中之重。从工程前期的地质勘探、管线调查等，到施工中安全质量管控，再到后期的监测，施工人员要严格遵循浅埋暗挖法“十八字”方针，优化每一道施工工序，采用合理、科学的技术手段，按程序标准化施工，确保施工安全和质量，进而保证整个项目的顺利完成。

参考文献和资料

[1] 地下铁道工程施工质量验收标准：GB/T 50299—2018[S]. 北京：中国建筑工业出版社，2018.

[2] 北京市住房和城乡建设委员会关于印发《北京市城市轨道交通建设工程关键节点施工前条件核查管理办法》的通知（京建法〔2018〕1号）.

钢管柱混凝土顶升法施工技术总结

王长钊
北京赛瑞斯国际工程咨询有限公司

摘　要：泰康金融中心工程钢管混凝土柱最大直径 1400mm（局部劲性椭圆柱为 2600mm），使用 C50~C60 高强自密实混凝土，此次顶升浇筑施工过程涉及钢管柱开孔、吊装与土建结构施工的交替作业。为更有效地控制施工质量，保证顶升混凝土能够达到设计和规范要求，特撰写本文。

关键词：钢管柱；混凝土；顶升法；技术总结

引言

本项目采用钢管柱混凝土顶升法浇筑施工工艺，其优点为：混凝土浇筑速度快；混凝土施工无须振捣，依靠顶升挤压自然密实；钢管是很好的受压杆件，其管壁还是合理的耐压模板，浇筑混凝土时节省支模、拆模的人工和材料费用。

一、工程概况

本项目钢管柱分布在地上部分 T1、T2、T3 三栋塔楼 1 层至 51 层外框范围。其中地上 1 层至 41 层钢管柱采用 C60 自密实混凝土，42 层及以上钢管柱采用 C50 自密实混凝土。钢管柱内侧分布 5~9 道横隔板增强钢管柱整体刚度，但会对混凝土顶升带来不便，所以要求混凝土扩展度有较高流动性（表 1）。

二、钢管柱顶升混凝土浇筑施工

（一）钢管柱内混凝土施工工艺

采用合理的、优化的配合比，使混凝土拌合物具有很高的流动性，顶升过程中不出现离析、泌水现象，不要振捣或尽量少振捣，利用顶升时产生的高压使混凝土在浇筑过程中达到密实。

1. 施工技术参数

1）混凝土流动性通过坍落扩展度控制，坍落扩展度 650mm ± 50mm，2h 内扩展度损失不超过 50mm，倒筒时间控制在 15s 以内，混凝土初凝时间应控制在 6~8h 之间，终凝时间应控制在 10~12h 之间。

项目概况　　表 1

名称	新建商业服务业设施、公园绿地项目（泰康金融中心）
项目简介	1. 泰康金融中心项目位于湖北省武汉市汉口二七商务区第 22 号地块，毗邻解放大道、沿江大道，属于两江四岸的中心范围内，与武昌沿江商务区核心区隔江相望，整个项目为集办公、酒店、公寓于一体的综合性建筑 2. 总建筑面积 266700m^2，其中地上建筑面积 217200m^2，地下建筑面积 49500m^2。建筑高度最高 270.8m，结构高度最高 243.3m，地上 53 层，地下 3 层，基础埋深 -18.00m 3. 本工程为大底盘多塔连体结构，塔楼外形沿高度先外扩后收进，首层平面尺寸约为 81.2m × 94.0m，顶层平面尺寸约为 76.0m × 88.0m，地上部分底部 1~6 层为带裙房大底盘，上部结构分为 3 座单塔（各塔楼上有将近 30m 的塔冠），单塔均采用单侧弧形钢框架 - 钢筋混凝土核心筒结构，分别为： T1 塔楼（主要功能为办公），地上 53 层，建筑主屋面高度 243.30m，塔冠高度 270.80m； T2 塔楼（主要功能为办公），地上 47 层，建筑主屋面高度 216.60m，塔冠高度 238.60m； T3 塔楼（主要功能为酒店及办公），地上 50 层，建筑主屋面高度 229.2m，塔冠高度 261.70m 3 座单塔通过三道连桥连接为连体结构，连桥分别位于第 17 层、第 28 层以及第 39 层

2）混凝土收缩性在万分之3.7左右。

3）混凝土养护28d后强度达到C60以上，入模温度控制在10~35℃之间。

4）混凝土顶升速率为5~25m/h。

5）混凝土输送泵工作压力的要求：顶升过程中，混凝土在钢管内呈“泉涌状”上升，混凝土输送泵工作压力与泵产品性能、状况、泵送高度、泵送水平距离和混凝土坍落度及和易性有关。施工前要根据现场实际水平泵送距离及泵送管路的设置计算压力损失，为减少泵送压力损失，输送泵与钢柱间距离不宜过大（水平管道长度宜为泵送高度的1/5~1/4），以确保输送泵的有效工作压力达到10~16MPa。

2. 泵管布置

1）泵管布置原则

（1）泵管接入口摆放位置要利于搅拌车进退，减少换车时间，提高效率，同时要考虑周边环境以减少噪声对外界的影响。

（2）利于搭建隔声降噪棚，配置排风系统，同时可防雨水进入料斗，现场设备棚方便摆设。

（3）为了平衡垂直管道混凝土产生的反压，地面水平管道敷设长度为建筑主体高度的1/5~1/4，且不宜少于15m。若现场条件所限，可在约150m处布设水平管转向从楼层的另一方向通过预留孔再垂直布设到需要浇筑的楼层上，以降低泵压。

（4）在泵的出口端水平管和垂直爬升管一楼处各安装一套液压截止阀，阻止垂直管道内混凝土回流，便于设备保养、维修与清洗。

（5）输送管布置要求沿地面和墙面敷设，并全程做可靠固定，弯管转换处需采用工字钢（槽钢）固定。

（6）混凝土泵设置处，场地应平整坚实，道路畅通，供料方便，距离浇筑地点近，便于配管接近，排水设施和供水、供电方便。

（7）在混凝土泵的作业范围内，不得有高压线等障碍物。两台以上混凝土泵同置一处时，宜平行摆放，前后错开1辆混凝土输送车车长的距离，并需考虑预留混凝土罐车错车、倒车、转向的位置。

2）泵管选型

（1）混凝土输送管道通径选用125规格。

（2）等寿命设计。整条管道壁厚采用等寿命设计，从泵出料口到高度242.7m楼层之间采用壁厚10mm的高强耐磨输送管。

（3）平面浇筑和布料机采用125B耐磨混凝土输送管，使用寿命约2万m^3。

（4）配合模架工艺，为项目设计多种管道长度组合，组合长度满足楼层高度和模架步距的变化。

（5）外框柱浇筑和楼面浇筑时，在相应楼层拆开垂直管道，采用弯管、过渡管连接到布料机，或用A125管直接浇筑楼板。

（6）耐磨合金刚复合材料制作，内表面高频淬火，达到高强度、高硬度。

（二）泵机选型

泵送设备的选型受泵送高度、泵送方量、混凝土配比等因素的影响，如：混凝土泵出口压力的选择受泵送高度的影响，混凝土管道的选择受泵送方量的影响，混凝土配比则直接影响易损件的寿命以及施工的顺利进行。

混凝土泵送所需压力P包含三部分：混凝土在管道内流动的沿程阻力造成的压力损失P_1、混凝土经过弯管的局部压力损失P_2以及混凝土在垂直高度方向因重力产生的压力P_3。

计算结果：泵送混凝土高度在242.7m（总长310m）时理论计算所需要的压力为11.25MPa。

本项目泵机型号为SY5143THBE，泵送的出口压力可以相应地达到25MPa，由此得出结论：该型号满足施工要求。

（三）混凝土配合比

C50自密实混凝土配合比见表2，C60自密实混凝土配合比见表3。

（四）现场钢管柱顶升浇筑试验

1. 顶升浇筑试验目的

①确定浇筑参数；②确认施工方法、施工过程是否合理；③确认现场浇筑质量是否合格。

2. 钢管柱顶升浇筑试验施工步骤

1）在焊好的泵管弯头处连接截止阀。泵管为壁厚10mm的耐磨合金刚复合材料（45Mn2），内表面高频淬火；壁厚为6mm的普通耐磨材质，整体淬火处理。

泰康金融中心C50自密实混凝土设计配合比　　表2

强度等级	水	水泥	粉煤灰	矿粉	硅灰	膨胀剂	砂	石	减水剂
C50自密实	155	260	85	100	15	37	780	950	10.6

泰康金融中心C60自密实混凝土设计配合比　　表3

强度等级	水	水泥	粉煤灰	矿粉	硅灰	膨胀剂	砂	石	减水剂
C60自密实	155	320	75	85	30	40	750	950	11.7

2）选用高压地泵和泵管（可承受压力至少25MPa），截止阀与地泵通过弯管和水平泵管连接牢固，并确保密封良好；在泵管弯头处采用模板或防护网片进行遮挡防护，避免人员因爆管而受伤。

3）顶升浇筑过程中注意观察钢管柱溢流孔的流浆情况，据此判断混凝土浇筑高度。同时注意观察弯头处爆管情况及压力表（浇筑过程中压力值为2~4MPa，最大压力4MPa，出现在收尾阶段），以便及时处理，避免影响后续混凝土正常浇筑。

4）在混凝土浇筑至完成面后，立即关闭截止阀，防止钢管柱内混凝土回流。其中，试验柱共8.4m，浇筑量为13m^3，持续时间约为15min。

5）养护至设计混凝土强度后，破开钢管柱环板处，查看环板上下混凝土浇筑情况，发现试验柱内混凝土浇筑情况良好。

6）割除钢管柱（分成2.8m一道，共3道）。每割除一道钢管柱后破除一段混凝土柱，破除采用空压机与1号塔式起重机配合进行，破坏过程中随时观察混凝土外观及密实情况并留好影像资料。

（五）施工工艺流程及要点

1. 工艺流程

现场钢管柱的施工程序为：钢管体系安装→泵管布设→钢管柱混凝土顶升浇筑。

2. 操作要点

操作要点如图1~图4所示。

1）清除柱内杂物和积水，做好检查，先浇筑一层100~200mm厚（与混凝土强度等级相同）的水泥砂浆，混凝土粗骨料要防止自由下落时产生弹跳。

2）浇筑前在钢管柱底口开A140泵管孔（距离板面600mm处）用于顶升法施工，顶升口与混凝土输送管连接时应设导流管及顶升截止阀。

3）除最后一节，其他节段的钢管柱混凝土，为了防止焊接高温影响混凝土的质量只浇筑到离钢管顶端500mm处。

4）除最后一节，浇筑完其他节段钢管柱，上面的浮浆应清掉，初凝后进行混凝土养护，管口用塑料布封住，并防止掉入异物。在安装上一节钢柱前应将管内的积水、浮浆、松动的石子及杂物清除干净。

5）当浇筑完最后一节后，管口用塑料布封住，待混凝土强度在柱内达到要求后，用与混凝土强度相等的水泥砂浆抹平，盖上端板并焊好。派专人在过程中对混凝土的质量进行监控，及时做好坍落度检测，对和易性、坍落度不达标的混凝土坚决不准使用。每台班混凝土取样不少于2组。

6）在浇筑段钢管柱顶以下500mm处开设一个直径20mm的圆孔，方便浇筑时浮浆、积水自动流出，将开孔处放置在塔楼内侧，便于清理溢出的浮浆。混凝土浇筑前，需在开孔处作明显标记，每次浇筑施工缝均留设在此孔以下。

7）混凝土采用泵管输送，钢管柱浇筑与楼板浇筑顺序保持同步。钢管柱分布分散，作业面上拟采用泵管接软管进行布料，在浇筑层（每两层）每个钢管柱底口（距离板面600mm处）侧面开一个直径为140mm的洞口接导流管进行下料，混凝土浇筑完成后进行补强。管内混凝土的浇筑质量可用敲击钢管的方法检查。管内混凝土的强度等级宜以

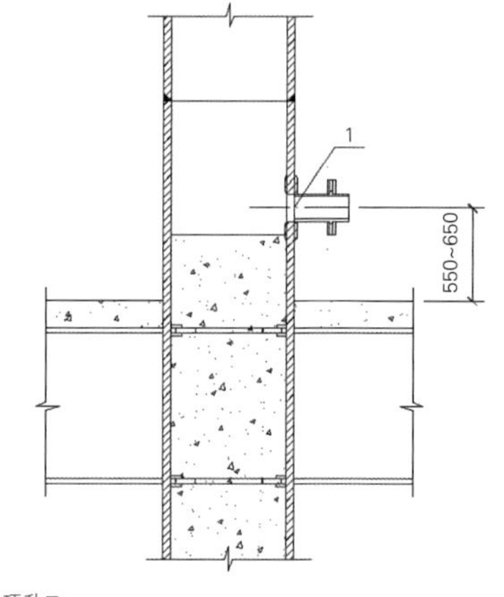

1—顶升口

图1　顶升口位置示意图

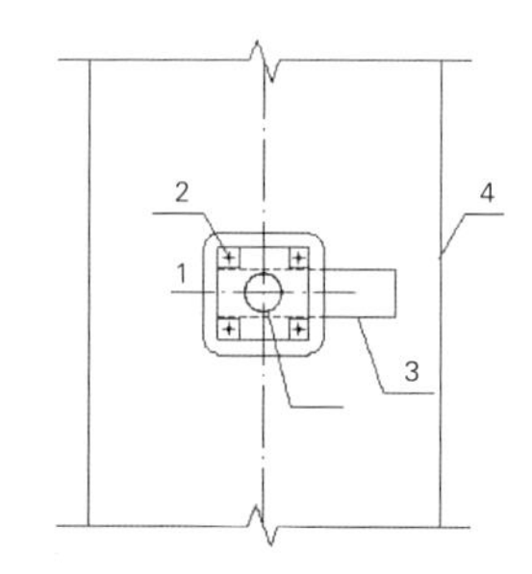

1—混凝土输送管；2—高强度螺栓及螺母；3—顶升截止阀隔板；4—钢管柱

图2　顶升口剖面图

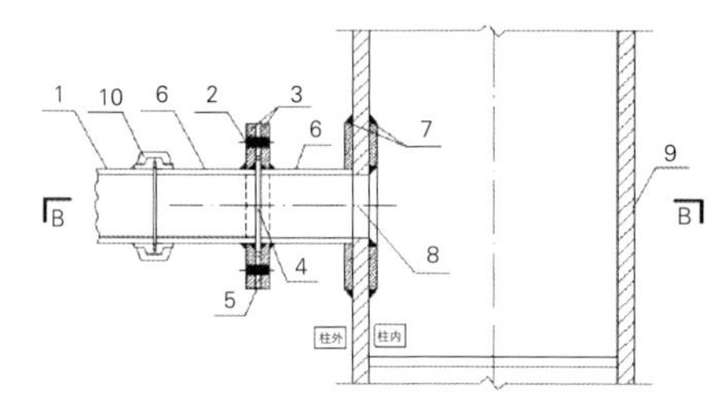

1—混凝土输送管；2—高强度螺栓及螺母；3—法兰盘；4—顶升截止阀隔板；5—截止阀垫板；6—导流管；7—加劲板；8—顶升口；9—钢管柱；10—管箍

图3　焊接连接顶升口示意图

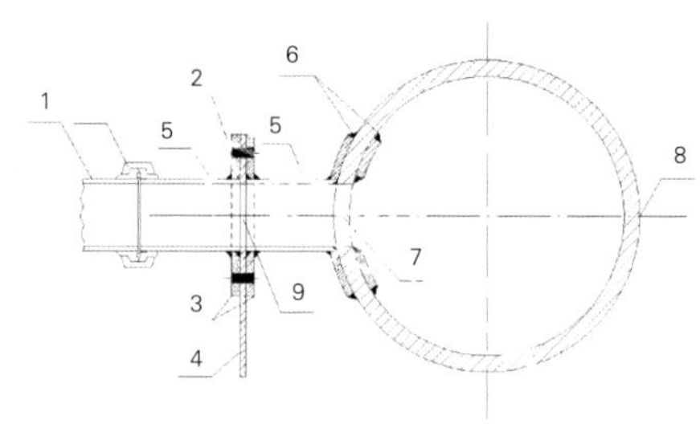

1—混凝土输送管；2—高强度螺栓及螺母；3—法兰盘；4—顶升截止阀隔板；5—导流管；6—加劲板；7—顶升口；8—钢管柱；9—顶升截止阀开孔

图4　B–B剖面（圆柱）

同等条件养护的混凝土试块或芯样的抗压强度评定。

8）混凝土浮浆处理。混凝土浇筑完成后，表面会有气泡排出，并在混凝土表面泛起浮浆，在钢管柱顶以下并在混凝土初凝前将浮浆舀出，并在混凝土终凝后，将混凝土表面剔毛，至外露石子为止。

9）混凝土保温养护措施。钢管柱混凝土浇筑完成后，由于芯柱侧面受钢管本身的包裹，不再采取其他措施进行养护；芯柱顶及时采用薄膜保湿及养护，冬期施工芯柱顶还需覆盖棉毡进行保温养护。

3. 钢管柱内混凝土浇筑要求

1）混凝土浇筑前须保证上一节钢管柱内已经清理完成，钢管柱焊缝检测及验收完成。

2）混凝土浇筑高度为同楼层穿钢管柱梁顶标高 400mm 处（图 5）。

3）高温施工时，混凝土入模稳定不宜超过 35℃。

4）浇筑自密实混凝土时现场安排专人进行监控，当运送现场的混凝土坍落扩展度低于设计要求极限值时，商混站技术人员须采取可靠的方法调整坍落扩展度。混凝土的坍落度可根据混凝土的浇筑工艺确定。当采用预拌混凝土时，坍落度不宜小于 10mm 且不宜大于 16mm。

5）若浇筑时间过长，无法保证自密实混凝土性能，需通知商混站退回，且在降雨天气下不能露天浇筑混凝土。

6）自密实混凝土泵送和浇筑过程应保持连续性，减少分层，保持混凝土流动性。

7）自密实混凝土浇筑时，水平流动距离最大不宜超过 7m，泵管下料点应结合自密实性能适宜选择距离。

8）钢管柱自密实混凝土浇筑完成后，及时清理浮浆并使用防水毡布对钢管柱上口进行覆盖。

4. 顶升后处理

钢管内混凝土顶升施工完成后，应及时进行顶升口处混凝土止回处理。混凝土强度达到拆模要求后，松开顶升口与导流管螺母，拆卸导流管并应能重复利用。

（六）混凝土输送管内残留混凝土的处理措施

1. 管道清洗的重要性

在混凝土泵送施工结束后，需要清理输送管内剩余的混凝土，管道清洗作为混凝土泵送施工中的一环，有如下重要性：

1）正确的洗管工艺方法能使洗管过程顺利，节约混凝土用量，减少环境污染，减轻工人的劳动强度。

2）洗管过程发生堵管，将造成管道内混凝土的浪费，拆装被堵塞的管道需要大量的人力，耗费大量的工时，重新装上的管道也容易由于安装不当产生隐患。

3）管道清洗不净，管道内仍然有残留物，可能会导致下一次混凝土施工时产生堵管，只有管道清洗干净，管道内无残留物，才能保证下一次混凝土施工顺利进行。

4）经常洗管不成功将严重影响施工的整体进度，增加施工成本。洗管过程中水源的供给很关键，本项目在泵机附近设置蓄水池，使用潜水泵从第三级沉淀池中抽水供给。

2. 常见水洗法在超高层工程中的说明

现在国内高层施工，洗管均采用从下往上水洗的方法（工程中常用的水洗法）：在泵送完成后洗管，先泵送 0.5~1mm^3 砂浆，然后直接泵水，直至泵管出口出现清水。此方法从洗管开始到结束不能停止泵送，水源不得间断。

但水洗法偶尔有洗管不彻底的现象。由于管道固定问题和水源间断，在洗管过程中频繁停泵，使得砂浆沉淀透水，造成混凝土离析堵管的现象时有发生。

根据超高泵送实际情况采用的洗管及余量控制措施如表 4 所示。

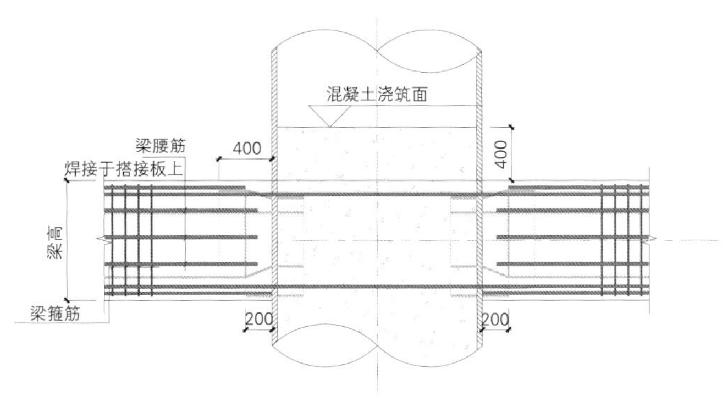

图5 混凝土浇筑高度示意图

三、钢管柱混凝土质量控制措施

（一）质量控制措施

1）严格执行“三检制”。对操作人员定岗定人，挂牌施工，层层把关。

洗管及余量控制措施　表 4

步骤	操作要点
1. 管道内混凝土余料控制	在混凝土浇筑即将完成时，估计管道内剩余的混凝土能满足至混凝土浇筑结束，料斗内混凝土在搅拌轴以下时停止泵送，关上截止阀；（垂直高度 240m 管道容积约 6.75m^3）再加砂浆（水、水泥、砂）1.5m^3 入料斗，泵送砂浆 1m^3
2. 加入足够的纸质水泥袋和海绵球	放掉料斗内剩余砂浆→拆开泵机出口处三通管的盖板→泵机反泵清除锥管、S 管、混凝土缸内的砂浆→在三通管处加入足够的纸质水泥袋和海绵球
3. 料斗内注水进行泵送	往料斗内注水进行泵送→泵送压力达到 4~6MPa 时打开截止阀→连续泵送水直至泵管出口出水后停止泵送（应水源充足，确保泵送连续性）→关上截止阀
4. 自重放水清洗	拆开泵机出口处三通管的盖板（或拆除泵机与截止阀之间的弯管）→打开截止阀，管道内的水受重力作用呈喷射状冲出（三通管出水口附近不能有人）
5. 反复注水、放水清洗	水流完后，关上截止阀→从泵管出口处往管道内注水，直到灌满输送管→打开截止阀→让水再冲洗管道（高强混凝土黏度大，不易清除，反复清洗可确保管道内残留混凝土被清尽，避免下次泵送发生堵管）
6. 反泵清洗锥管、S 管、混凝土缸	从三通管开口向锥管、S 管、混凝土缸内冲水→泵机反泵清除锥管、S 管、混凝土缸内的混凝土残留物
7. 关闭料斗卸料门	把三通管的盖板（或弯管）安装复位，关闭料斗卸料门

2）混凝土浇筑前召开由班组长参加的技术交底和质量交底，并落实到每一个操作人员，使操作人员明确分工，按规范施工。

3）钢管柱内混凝土每次浇筑顶面严格控制在钢管柱顶以下 500mm 处。

4）自密实混凝土在顶升前，应对拌合物的工作性进行检验，主要检测坍落扩展度、扩展时间，不得发生外沿泌浆和中心骨料堆积现象。

5）自密实混凝土现场取样制作试块，试块不做任何振捣。表面抹光，终凝后压光。

6）控制入模温度在 10~35℃之间。

7）每节钢管混凝土柱浇筑终止后立即在柱头覆盖保护盖板，以免杂物、雨水落入。

8）每次混凝土浇筑时，需要在上口控制浇筑标高的部位，事先测量出浇筑顶面，并做明显标记，严禁混凝土浇筑标高超过控制面。

（二）混凝土全过程质量监测与检测

钢管柱施工过程中，首先应交底清楚各部位混凝土强度等级，如钢管混凝土为 C60 或 C50 自密实混凝土，工长及质检员全程旁站检测混凝土的相关性能；其次，混凝土浇筑过程中试验员及质检员应及时留设试块并检测坍落度等。如果发现异常情况应及时向混凝土供应公司现场技术员反映并采取措施解决，未经技术人员允许，不得随意采取任何更改混凝土配合比的措施，每一车混凝土均要求通过检测确认强度后才允许浇筑。

四、异常情况预防及控制措施

（一）管内混凝土存在缺陷

为防止钢管内混凝土浇筑存在缺陷，芯柱浇筑过程中，对局部相对密封的部位应注意下料充足，且缓慢进行。若检测钢管柱内混凝土存在较大缺陷，应将钢管柱开口补浆后再封闭开孔。

（二）需要上口控制处浇筑面超过控制面

根据浇筑高度定出浇筑面的位置，并用明显的标志提醒。浇筑过程中，管理人员旁站，严格控制。

（三）泵不上料、少料

混凝土输送泵高层泵送时，要保证其水平管道长度不少于垂直管道高度的 15%，因为这样才能保证有足够的阻力阻止混凝土的回流，否则就有可能造成 S 管换向困难。混凝土输送泵高层泵送前应调整切割环及眼镜板的间隙，一般最大间隙不超过 2mm，否则在泵送过程中会出现泵不上或出料少，甚至出现堵塞管道现象。

五、监理管控要点

（一）施工方案及准备情况的审核

施工单位应根据工程情况编制专项施工方案，制定季节性施工技术措施，并应经监理审核。钢管内混凝土施工前应进行配合比设计，并宜进行浇筑工艺试验。

（二）钢管混凝土柱管内混凝土浇筑控制

1. 混凝土浇筑前，应对钢管混凝土柱的安装质量进行检查确认，钢管内壁清理干净，无污物。

2. 审核钢管内混凝土浇筑工艺试验报告，并检查现场钢管顶升孔、排气孔的预留置是否符合专项施工方案的需要。

3. 在混凝土输送管与截止阀连接前，用泵送砂浆输送管道，并把该部分砂浆清除干净后再进行管内的混凝土浇筑。

4. 钢管内的混凝土浇筑工作宜连续进行，当一根钢管柱所需的混凝土量全都运至现场时，方可进行顶升。钢管内混凝土运输、浇筑及间隔的全部时间不应超过混凝土的初凝时间，同时应及时做好混凝土坍落扩展度的检测。

（三）检查、验收

管内混凝土施工完成后，可用敲击钢管的方法检查管内混凝土的密实性和收缩情况，如有异常，则应用超声波进行检测。对空腔大于1cm×1cm的部位，应采用钻孔压浆法进行补强，然后将钻孔补焊封固。

六、应急处置措施

（一）泵车故障

在混凝土站备用一台泵机。平时混凝土浇筑基本采用一台泵机泵送，如果出现泵机故障，另一台泵机可以作为替代设备派上用场，泵车更换需在1h内完成。

（二）混凝土车辆供应不及时

1. 混凝土浇筑前，提前预约混凝土厂家，通知厂家混凝土浇筑工程量及泵机、现场浇筑状况，确认厂家提前做好车次的准备工作。

2. 加强工地现场及工地外围道路的交通疏导工作，及时了解道路交通情况，提前通知厂家做好准备工作。

3. 泵送混凝土连续作业时，料斗内应保持一定数量的混凝土，不得吸空，并随时监控各种仪表和指示灯，出现不正常情况时，应及时调整处理。必须暂停作业时，应每隔5~10s泵送一次。若停止时间较长再泵送时，应逆向运转一至一个行程，然后顺向泵送。泵送过程中发生输送管道堵塞现象时，应进行逆向旋转使混凝土返回料斗。必要时应拆管排除堵塞。

4. 浇筑混凝土应连续进行，如必须间歇，时间应尽量缩短，并应在前层混凝土初凝之前，将次层混凝土浇筑完毕。间歇的最长时间应按所有水泥品种混凝土的初凝条件确定，一般不要超过2h，超过2h应按施工缝处理。

结语

钢管混凝土柱是近年来研究应用的多元化结构形式之一，其成功的应用被越来越多的建筑业专家所关注。它通过钢管和核心混凝土的共同作用，提高了钢管的硬度，从而大大地提高了结构的承载力，因而被逐步推广应用于建筑工程中。而本项目实施的顶升混凝土浇筑是钢管混凝土柱施工的核心工序之一，通过本文希望能对类似工程起到借鉴作用。

跨铁路桥工程斜拉桥主塔爬模施工监理控制要点

——以西安北客站枢纽工程（一期）为例

董拥军
北京赛瑞斯国际工程咨询有限公司

摘　要：本文介绍了西安北客站枢纽工程（一期）斜拉桥主塔爬模施工监理工程的施工技术及重难点，并阐述了施工各阶段监理控制要点和方法措施，为后续类似工程施工监理提供借鉴。

关键词：斜拉桥；主塔；爬模；施工；监理

引言

西安北客站枢纽工程（一期）跨铁路桥工程斜拉桥，为了跨越多条高铁线路采用了双塔斜拉桥转体技术，在双塔施工中采用了液压式自爬模施工，安全性和施工效率大为提升。通过对该工程的施工技术掌控，为今后类似工程施工监理积累了宝贵经验，提高了现场安全质量管控能力。

一、工程概况

（一）工程简介

本工程采用双塔双索面斜拉桥技术，转体施工。桥梁起止里程为AAK0+779.69~LLK0+361，总长度为440m。桥梁位于直线上和人字坡上，小里程侧纵坡为+3.500%，大里程侧纵坡为−3.150%，变坡点桩号为LLK0+156.361，竖曲线半径为4000m。结构主跨240m双塔转体，塔高87.445m，桥宽31.4m，转体重量39000t。

（二）结构形式

本桥主塔采用弧线钢筋混凝土桥塔，承台顶至塔顶高87.445m，主塔中心线位置桥面铺装以上塔高67.445m。主塔中、上塔柱采用空心矩形截面，主塔整体呈“长安花”造型；主塔双肢在桥面以上向内倾斜，其中直线段斜率为1：3.86。主塔立面结构图如图1所示。

塔柱在塔顶横向间距为11.964m，下横梁位置间距为34.454m，塔根处（承台顶面）间距为21.838m；主梁底1m处设下横梁，桥面以上47.85m处设上横梁。主塔混凝土采用C60。

上塔柱作为索锚区采用箱型截面，为分离式塔柱，单塔柱截面顺桥向长度7.0m，横桥向宽度4.0m。主塔上横梁往上塔柱横向宽度逐渐减小。桥面以下塔柱采用实心截面，并逐渐增大，单塔柱截面顺桥向长度6.0m，横桥向宽度4.0~6.9m。

主塔下横梁为预应力混凝土结构，实心截面。横梁宽4.8m，长3.0m，横梁下设板墩，将横梁、两个下塔柱连成整体。

二、塔柱施工节段划分

塔柱分为下塔柱、中塔柱和上塔柱。下塔柱采用模架法施工，分三次浇筑（包含下横梁），完工标高为12.9m。

中塔柱和上塔柱采用爬模法施工，标准施工段高度4.5m，计划14次爬升完成塔柱施工（图2）。

三、液压爬模施工技术特点

爬模板体系主要包括：模板系统、

爬升系统、架体系统和电气控制系统，爬模的顶升运动通过液压油缸使导轨和爬架交替顶升来实现。

（一）模板系统

模板系统由厚度21mm的维萨板、H20木工字梁竖向背楞、2Φ14钢横背楞、吊钩、专用连接爪等连接件构成，高度4.8m。阴阳角用定型钢模。外模平板区为木梁胶合模板，面板采用进口的厚21mm的维萨板，维萨板通过木螺钉与竖背楞木工字梁（高200mm）连接固定。塔柱外模板总高为4.7m，共设7道双拼14号槽钢背楞。其中面板高5.0m，木工字梁高4.7m。竖背楞与横背楞双拼14号槽钢通过连接爪连接。

（二）爬升系统

爬升系统由埋件系统、液压系统和导轨构成。埋件系统由埋件板、高强螺杆、爬锥、受力螺栓和埋件支座等组成。埋件板、爬锥通过高强螺杆连接，安装螺栓用于预埋件的定位，混凝土浇筑前，爬锥通过安装螺栓固定在面板上，受力螺栓是锚定组成部件中的主要受力部件，要求经过调质处理，埋件支座连接导轨和主梁，受到施工活载、重力、风载等荷载的联合作用。

液压系统由液压控制台、油缸、上换向盒、下换向盒、连接油管阀门和油管接头组成。液压控制台和油缸向整个爬模系统提供升降动力。上、下换向盒是爬架与导轨之间进行荷载传递的重要部件，通过改变换向盒的棘爪方向，可以实现提升爬架或导轨的功能转换，并具有防止架体坠落的功能。

导轨是整个爬模系统的爬升轨道，它由两根槽钢Φ20及一组梯档（梯档数量依浇筑高度而定）组焊而成，梯档间距300mm，供上、下换向盒将荷载传递到导轨，进而传递到埋件系统上。

（三）架体系统

架体系统主要由承重三脚架、后移部分、中平台、吊平台、附墙承重装置、附墙撑、主背楞标准节组成。中塔柱单塔肢顺桥向布置两个机位、两个后移支架，横桥向布置三个机位、四个后移支架。上塔柱两肢合并而且中间有修饰槽，顺桥向每面布置六个机位、六个后移支架，横桥向每面布置两个机位、四个后移支架。

爬架系统架体高14m，由上架体和下架体两部分组成，上、下架体通过滑移装置连成一体，上架体可在下架体的

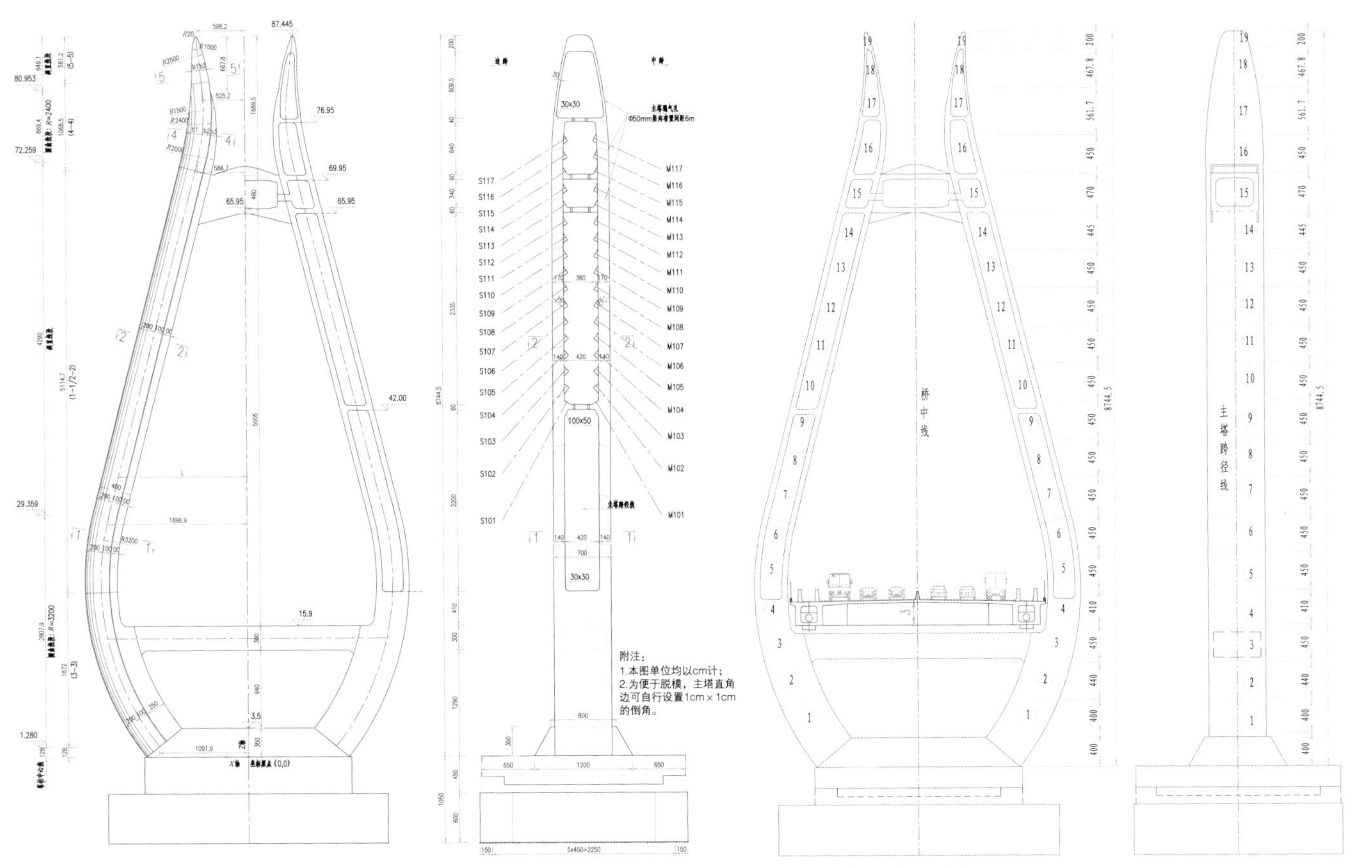

图1　主塔立面结构图

图2　主塔节段划分示意图

滑道上移动。上架体为操作层工作架，包括 4 个工作操作平台（模板平台①宽 1.4m，载荷≤ 1.5kN/m^2；模板平台②、③宽 1.2m，载荷≤ 0.75kN/m^2；主平台宽 2.9m，载荷≤ 3kN/m^2），通过背楞构件与模板系统合为一体起到固定和加劲模板作用，并作为塔柱节段施工时劲性骨架、钢筋、模板、混凝土等施工时的操作平台，承受人群和部分施工临时荷载作用。下架体为附墙固定架，包括 2 层操作平台（液压操作平台宽 2.6m，载荷≤ 1.5kN/m^2；吊平台宽 1.8m，载荷≤ 0.75kN/m^2），是整个液压自爬模系统最关键部分，也是整个爬模体系中的承重结构，并且爬升部分液压设备全部安装在此位置，同时也作为修补塔柱外观缺陷的操作平台。在施工监理过程中应注意只允许 2 层平台同时承载，各平台荷载不允许超过该平台的最大荷载。

（四）爬模系统主要技术参数

名称型号：ZPM-100 型自爬模系统；

架体高度：14m；

单榀架体重量：2t；

最宽平台：主平台为 2.9m；

额定压力：16/25MPa；

油缸行程：400mm；

导轨步距：300mm；

液压泵站流量：60L/min；

伸出速度：约 200mm/min；

额定推力：70kN，最大 100kN；

双缸同步误差：≤ 20mm；

爬升速度：5m/h；

倾斜度：±18°；

浇筑层高：4.5m；

受力螺栓：M36，12.9 级。

采用双埋件系统，混凝土强度达 15MPa 以上时，液压自爬模具备爬升及承受设计荷载条件。

四、工程重点与难点

1. 施工环境复杂，风险源多。主要邻近高铁线路、高速高架桥、新建高架匝道。

2. 爬模设计制作质量要求高，主要构件要求强度、刚度大，抗倾覆能力巨大，安全系数高。

3. 施工安全风险大，制作要求安全等级高。

4. 塔柱整体呈“长安花”造型，线形复杂、倾斜率大，质量安全风险大。

5. 爬模安装、拆除及塔柱施工整个过程都需要塔式起重机配合，安全风险巨大。

6. 爬模施工爬升、到位临时锁定，都是高空作业，安全管理难度大。

7. 模板的设计是保障索塔施工精度和质量的根本。

五、监理工程要点

（一）事前控制

1. 对主塔施工方案进行审查，参加超危大工程专家评审会。

2. 对设计制作单位确定、方案审查采取参与、审查等方式进行监理管理，并对其资质、业绩、是否发生过安全事故等进行审核。对于复杂结构，可要求总包委托有资质的第三方进行复审、核算。

3. 在模板加工制作过程中，对模板系统、爬升系统、架体系统的原材料、构配件加工件等进行抽检，对主要受力构件进行见证抽样复试。

4. 条件允许时，根据模板设计图纸过程检查关键件、主要构件的加工质量等。

5. 自爬模整体设备进场时，严格落实开箱检查制度，对液压系统、模板系统、架体系统等有关构件采用检查、试验、现场单机实验等方式进行验收。合格后方可进场。

6. 重点检查：对承重插销探伤和外观进行检测。对于爬锥、高强螺杆、承载螺栓、挂钩连接座、导轨、称重销轴、安全销、上换向盒、下换向盒等主要受力部件的制作材料，除应有钢材生产厂家提供的产品合格证及材质证明外，还应提供生产厂家的材料复检报告。

7. 还要对挂座板焊缝、导轨承重舌和梯挡焊缝等进行外观检查。所有检查人员必须在检查表上签字确认，存档备查。

8. 监理部可要求总包单位根据建筑工程原材料、构配件及设备报验表的形式，结合工程实际情况逐项形成报验资料，各方签章确认，留档备查。

（二）事中控制

1. 安装

1）爬模安装前，在施工单位完成所有准备的情况下，监理部接到安装申请表，核查如下准备情况：

（1）吊装设备、人员资格、安全交底情况，项目部组织制定的液压自爬模施工安全管理制度、液压自爬模施工安全管理办法、各工序责任人及控制标准、安全施工应急预案等。

（2）结构实体质量：混凝土强度、结构尺寸与爬模尺寸符合情况、表面平整度等。

（3）复核预留承载螺栓孔位置、标高，检查锥形承载接头、技术交底等。

（4）监理部在项目总工程师组织对埋件系统、消防设施、临边防护、限载标志等进行全面检查并签证的基础上，再次组织参建各方主要负责人对上述内容进行复查，并签章存档。

2）对爬架首榀安装进行过程旁站：核查管理人员到岗、环境安全、设备安全、检查安装程序等。

3）完成后，检查架体、模板与设计图纸的符合度，如有问题，指出整改；爬升系统是重中之重。组织首件验收。

4）以第一榀爬模为样板，进行后续爬模安装旁站。

5）总体安装完成后，按照《西安市危险性较大的分部分项工程安全管理实施细则》进行验收：

（1）核查爬模标高、轴线、外形、尺寸等。

（2）根据设计荷载要求，进行静压试验。

（3）检查操作平台、防护系统、消防通道、防倾覆措施等。

（4）预埋承载螺栓、预埋件的中心位置。

（5）爬模模板位置、垂直度、平整度、角度及其他外形。

（6）架体位置、架体平面内外垂直度。

（7）其他检查验收项目按细则附录表C“爬模工程安全检查表”执行。

（8）重新就位后，应重新组织验收。

2. 施工过程

1）为确保塔柱结构尺寸的精确，塔柱施工时模板的安装定位应采用施工坐标法进行，即对拟施工节段的各主要断面变化点在施工前计算好坐标，待钢筋等安装完成后，对预埋件安装位置进行准确安装定位，监理对各主要控制点进行跟踪测量，精度达到要求后对模板予以固定。模板的定位须注意修正温度对立模位置的影响。

2）在进行预埋件安装时，现场监理应检查埋件板与高强螺杆的头部是否进行了焊接，防止在混凝土浇筑过程中埋件板与高强螺杆因振捣棒振动而松脱，造成受力隐患；检查是否在高强螺杆与爬锥连接处涂抹了黄油，以防止混凝土在施工过程中进入螺杆配合间隙内，导致拆卸爬锥困难。爬锥外表面易拆卸措施是否在合模前再一次核查。

3）使用过程中除危大巡视要点外，还应重点巡查以下几个方面：

（1）定期对易发生磨损或受力较大的螺栓、承重插销等构件进行合理更换，避免此类构件在长期使用中因为截面磨损过大而引发事故；预埋件用钢筋井字架与塔身主筋连接固定，在进行混凝土浇筑时，振捣棒及布料点不能与井字架、爬锥发生碰撞，混凝土按要求振捣密实。

（2）定期对液压爬模架体结构中的安全装置、连接件、电气系统进行检查，确保系统的安全性。

（3）爬模爬架退模后，对挂座板尺寸范围内的混凝土强度及平整度进行检查，强度不足之处应凿除并用环氧砂浆进行补强，平整度较差位置使用打磨机进行处理，保证挂座板与混凝土面密贴，受力螺栓安装弹垫并拧紧。

（4）各层平台板底梁安装牢固情况，各层平台板外侧挡脚板是否连续封闭，以确保作业安全；下平台与塔柱立面接口处采用合页护栏，以确保不会有杂物从接口处掉落，防止落物伤人或出现其他安全事故。正常施工时，封闭平台的转角部位须保证安全并定期维护和保养。

（5）无论爬架处于何种状态，防坠保险绳须时刻处于挂好状态。

（6）防护网、防护栏杆、不使用通道的安全封闭等情况。

（7）主平台和模板平台摆放灭火器的数量、位置及有效性等情况。

4）巡视检查各种安全防护措施到位情况，如下平台贴墙金属翻板、入口安全翻盖等。

5）定期检查专业机械人员对液压设备、机械设备、防坠换向盒等的维护、维修及保养记录等。

6）有强对流、大雨、大雾等特殊天气时，停止爬模有关施工，根据应急方案要求，采取加固措施，保证爬模安全。

3. 爬升

1）监理工程师核查爬升指挥组织机构人员到场情况，总指挥、安全员、看护人员到岗在位。足够数量的液压控制系统操作人员持证上岗、需要配合的特种作业人员持证上岗情况。

2）检查所有人员安全技术交底。

3）对混凝土的强度（超过15MPa以上）进行确定，以及确认控制系统、液压部件都处于良好状态，并经安全、技术部门联合检查签证后才能爬升。

4）导轨爬升。

（1）导轨爬升前检查

①接触面清理和润滑油涂刷均匀；

②换向盒棘爪是否处于导轨爬升状态；

③架体处于临时承载体和结构上；

④导轨锁定销键和底端支撑应松开。

（2）旁站导轨爬升全过程。导轨爬升至接近上部悬挂靴的高度时暂停，复核导轨与爬靴上导轨槽口的位置是否一致，若不一致，通过调节导轨下方的支撑脚，使导轨能够顺利地通过爬靴的导轨槽口。

（3）导轨爬升完成后检查：导轨到位后的架体安全状态。

5）架体爬升前检查如下内容：

（1）预爬升施工段混凝土强度是否满足架体爬升要求；模板上对爬升有影响的障碍物是否清理彻底。

（2）换向盒是否处于架体爬升工作状态，液压设备均须处于正常工作状态。

（3）相邻分段架体之间、架体与构筑物之间的连接是否解除。

（4）下层挂钩连接座、锥体螺母或承载螺栓是否拆除。

（5）附墙撑应已退出，挂钩锁定销应已拔出。

（6）架体上的剩余材料是否清理完毕，所有安全盖板是否翻起等。

检查合格后，经各方负责人联合签字方可爬升。

6）检查时特别检查换向盒看护人数量。

7）整体爬升时，各个架体间高差≤ 50mm。当架体爬升进入最后2~3个爬升行程时，应转入独立分段爬升。每榀爬架的爬升速度应保持一致，不能造成爬架明显倾斜。

8）架体爬升完成后的检查：

（1）安全插销和承重销的位置是否处于安全工作状态。

（2）确保平台中附墙撑都顶紧混凝土面。

（3）在固定爬架后，需要拧紧锚固螺栓，同时要确保转角部位连接牢固。

（4）对平台中的安全防护装置进行检查，确保爬架各层操作平台的防护装置都安置妥当。

9）监理部组织各方负责人进行检查验收，特别要确认承重销、安全插销、附墙撑、防坠保险绳是否处于工作状态，并对爬模的液压系统、架体系统、模板系统、安全防护及消防系统等进行检查。合格后签章验收留存备查。

10）变截面爬升时应重点检查如下内容：

（1）挂钩连接座处变截面需要增加钢垫片等的情况。

（2）提升导轨中，在合适的位置调节附墙撑使得整体倾斜。

（3）导轨提升到位后，提升架体是否到位。

（4）架体调整水平状态后的各种控制参数。

（5）爬架完成爬升后，组织验收。

4. 拆除

1）审查拆除专项方案，检查安全技术交底落实情况。

2）检查指挥人员、管理人员、特种作业人员、拆除人员的持证上岗情况。

3）检查影响拆除的障碍物清除、平台上所有的剩余材料和零散物件清除的情况；断电源后再拆除电线、油管；不得在高空拆除跳板、栏杆和安全网。

4）检查各种应急措施的准备情况。

5）旁站整个拆除过程，关注拆除顺序：模板→上架体→下架体→导轨。

6）检查拆除完成后的施工现场安全状况。

（三）事后控制

建立危大工程主塔爬模工程专项档案，档案应包括以下内容：

（1）开箱记录，材料、构配件及设备验收有关资料，液压系统实验记录，电气控制系统调试验收记录等。

（2）第一榀安装旁站记录，首件验收记录；安装旁站记录、整体验收记录。

（3）导轨第一次爬升记录、爬升后验收记录，每榀导轨爬升及验收记录。

（4）架体第一次整体爬升记录、爬升后整体验收记录。

（5）每次导轨爬升记录、爬升后验收记录；每次架体整体爬升记录、每次架体整体爬升后验收记录。

（6）变截面导轨爬升记录、爬升后验收记录；变截面架体整体爬升记录、架体整体爬升后验收记录。

（7）工作总结。

档案资料应妥善留存备查。

结语

由于对跨铁路桥中、上塔柱施工的有效监理，液压自爬模系统充分发挥了其操作方便、安全性高、爬升速度快的优点，节省了大量工时和材料，提高了工程施工速度。通过监理的有效监督，严格落实了塔柱的安全防护措施，保证了塔柱的施工安全及作业人员的生命安全；积累了斜拉桥塔柱爬模施工监理的经验，为将来开展类似工程监理提供了一些借鉴。

参考文献

[1] 徐伟．桥梁施工[M]．北京：人民交通出版社，2013．
[2] 唐双林，张成平．矮塔斜拉桥施工关键技术[M]．北京：北京理工大学出版社，2019．
[3] 液压爬升模板工程技术标准：JGJ/T 195—2018[S]．北京：中国建筑工业出版社，2019．

浅析监理如何做好外墙保温工程质量管控

余 洋
北京五环国际工程管理有限公司

摘 要： 外墙外保温是墙体节能分项工程，因其质量管控难度大、操作人员素质不一等原因，近年屡次发生保温板脱落等质量事故。本文以实践案例阐述某房屋建筑项目的外保温工程监理管控措施，通过卓有成效的管理，最终保温板、锚固件和外墙砖的拉拔试验通过了检测单位评定。

关键词： 点框法；实体检测；外墙保温；教育培训

引言

20 世纪以来，随着人民生活水平的提高以及建筑科技的进步，民用建筑领域的新材料、新技术、新工艺层出不穷，进而衍生出各式各样能够增强建筑使用安全的结构形式，以及提高人民生活舒适度的建筑技术。

近年来，在国民经济持续稳健发展的大背景下，建筑节能越来越受到人们的关注，确保了百姓生活质量和经济社会的可持续发展。因而，建筑保温工艺得到了大力开发。

新技术的运用往往伴随着诸多质量或安全等问题，我们经常能看到某建筑外墙保温层起火或因大风导致外保温层脱落的新闻，其也引起了社会业界的广泛关注和讨论。本文从实际工程出发，从外保温工艺原理和现场技术管理方面，分析施工过程中遇到的质量问题，介绍了监理采取的管控措施，有效地保证了保温板、锚固件和外墙砖的施工质量。

一、外保温工艺原理分析

外墙保温工艺分为外墙外保温和外墙内保温，二者各有优劣。外墙外保温的优势为可大面积施工，节约劳动力和施工时间，保温材料连接紧密，系统性和整体性好，保温效果佳；劣势为施工时需要搭设外脚手架、吊篮、曲臂车等高空作业设施，同时施工质量和安全管控难度大。外墙内保温的优势为可在户内施工，无须高空作业，质量和安全较易管控，成本相对较低；劣势为墙根部位产生“热桥”现象，影响户内装修质量，同时内保温材料占用室内空间，人的活动空间减少，分户施工，不利于大面积开展。

本项目外墙采用外保温形式，大面为保温层外面砖饰面（2~5 层），燃烧性能 A 级，具体做法为：DTA 砂浆粘贴不大于 6 厚面砖→抹 5~6 厚 DBI 砂浆→锚栓固定热镀锌钢丝网→抹 3~4 厚 DBI 砂浆→ DEA 砂浆粘贴 83 厚 A 级聚合聚苯板→ DP 砂浆找平（钢筋混凝土墙平整时可不另找平）→基层墙面。防火隔离带采用岩棉代替 A 级聚合聚苯板。此外墙构造满足《公共建筑节能设计标准》DB11/687—2015 第 3.2.2 条热工系数要求，A1 型、A2 型外保温图集做法见表 1。

二、现场技术管理

（一）“点框法”粘贴保温板

从固定方式的受力大小来看，保温板安装以砂浆粘贴为主要形式，锚栓为辅助形式，因此，保温板粘贴是极为重要的一道工序。本项目采用“点框法”

A1 型、A2 型外保温图集做法　　表 1

分类		构造示意图	系统的基本构造				
			①基层墙体	②粘结层	③保温层	④抹面层	⑤饰面层
A1 型	涂料饰面	①②③④⑤	钢筋混凝土墙、各种砌体墙（砌体墙需用水泥砂浆找平）	胶粘剂（粘贴面积不得小于保温板面积的40%）（锚栓）	EPS 板、PUR 板（板两面需刷界面剂）、XPS 板（板两面需使用界面砂浆时，宜使用水泥基界面砂浆）	抹面胶浆复合玻纤网格布（加强型增设一层耐碱玻纤网格布）	涂料或饰面砂浆
A2 型	面砖饰面	①②③④⑤	钢筋混凝土墙、各种砌体墙（砌体墙需用水泥砂浆找平）	胶粘剂（粘贴面积不得小于保温板面积的50%）（锚栓）	EPS 板	第一遍抗裂砂浆一层耐碱网格布，用塑料锚栓与基层墙体锚固第二遍抗裂砂浆（抹面层厚度 3~7mm）	面砖粘结砂浆＋面砖＋勾缝料

粘贴，即保温板四周刷封边灰，内部按设计和图集要求砂浆粘贴面积不低于50%，此法将有效保证外墙在遭受风或其他形式的剥离荷载时，板面从四周开始均匀受力，并避免或减小水、空气等进入保温板与墙面之间的孔隙，从而提高抗剥离能力。

但在具体实施过程中因保温板粘贴未通过试验室进行的拉拔试验评定，多个点位抗拉强度分别为 0.06MPa、0.09MPa、0.08MPa，未达到规范要求的 0.1MPa 的最低抗拉强度。经与各方商议，将砂浆粘贴面积提高到 70%，严控封边灰的施工，对前期做过的少量墙面保温作拆除处理，并加大人员教育培训力度，最终做到了质量可控，后续对各楼栋进行的拉拔试验结果均超过了 0.1MPa。

（二）严控锚栓钻孔质量

正常施工后在试验室进行的拉拔试验中多个点的拉拔值为 0.27kN、0.54kN、0.23kN 等，不符合规范要求的在混凝土面上最小拉拔力 0.6kN 和在混凝土加气块面上最小 0.3kN 的强度。

经分析，本项目外立面有多处由保温板组成的线条（图 1），造成锚栓长度不一，工人在钻孔时不得不视保温板厚度频繁更换钻头，不利于钻孔质量的把控和施工效率的提高，容易因钻机晃动造成钻孔直径过大，从而导致锚栓固定力降低。而且，外立面通过搭设脚手架施工，有些工人对高度上不便操作的部位，不愿弯腰或是到上一步架体上，导致钻孔倾斜，锚栓未能真正深入墙体。

因此，要求工人在某一墙面完成同一钻孔长度作业后再更换钻头进行厚度不一的线条施工，对有可能出现斜向钻孔的每一步脚手架上下 20cm 区间内，确保其孔深比其他部位长 2cm，加大抽查力度，并加强对工人的培训教育，提高质量意识，保证每个钻孔的深度和质量。

最终各楼栋的拉拔试验值均对应超过了 0.6kN 和 0.3kN。

（三）钢丝网外抹灰层厚度把控

保温板外挂热镀锌钢丝网是又一道避免保温板脱落，保证其整体性的措施，通过锚栓和网外抹灰将其固定在墙面上（图 2），故加强锚栓固定质量的同时，还需保证抹灰层的施工质量，避免出现漏网、砂浆厚度不足等质量问题。此外，对抹灰层进行拉毛处理，对最后粘贴外墙砖的工序质量也有积极作用。尤其需要注意的是，锚栓部位的抹灰要完全覆盖且保证一定厚度，避免该部位粘贴瓷砖后出现砂浆虚空现象。经现场研究和比对，各方一致认为抹灰层厚度宜控制在 0.8~1.0cm。

（四）外墙砖粘贴质量把控

保温板外抹灰层验收通过后开始粘

图1　楼栋南立面线条众多

图2　保温板外锚栓和钢丝网固定

贴外墙砖，放线、排砖、抹砂浆粘贴等一道道工序都需严格控制。本项目外墙砖规格为24cm×6cm，经各方共同商议后，要求施工人员粘贴砂浆时务必四周都要挤揉出浆，确保每一块砖后的砂浆饱满。最终，对各楼栋外墙砖的抗拉强度进行现场测定，部分为0.42MPa、0.37MPa、0.63MPa等，满足规范要求的拉拔平均值不小于0.4MPa，且单个拉拔值不小于0.3MPa的规定，通过试验室评定。

三、监理质量管控

本工程外饰面大面做法为保温层外粘贴饰面砖。由于外保温采用砂浆粘贴和锚栓固定结合的方式，工序本身就易出现施工质量问题，在保温层外粘贴饰面砖这一做法则更增加了保温板或饰面砖脱落的风险，因此，监理部在施工开始时就格外重视外立面施工，多次在监理例会中强调施工单位对进场人员的培训和施工材料的控制。但在满足进行保温板和锚固件拉拔试验条件后，拉拔力先后3次（锚固件2次、保温板1次）未通过检测单位评定。同时存在进场材料报验不及时、工人未按施工方案要求的“点框法”施工、劳务人员质量意识淡薄等问题。

监理工程师在施工前、施工中、施工后通过参与会议、巡视检查、验收和实体检验，以多种途径及时对工程存在的质量问题进行管控，包括口头、书面、创新建立项目级上岗体制等形式，最终工程质量得以把控。

本项目严格执行常规的事前、事中、事后管控措施，并对施工方案和分包资质、施工交底会、材料进场验收、现场巡视、召开专题会、拉拔试验等组织情况进行审核，以下介绍本项目实施过程中的几条针对性监理管控措施。

（一）审核施工方案

总监理工程师在施工前及时审核总包单位报送的外墙保温施工方案，确保其符合设计和相关规范要求，尤其是前文提出的施工技术措施是否编制到位。

（二）加大巡视和抽查力度

施工过程中，监理部做好工作分配和轮流值班，专业监理工程师加大巡视和抽查力度，将审核通过的施工方案和设计图纸在监理部内部进行再宣贯、再学习，确保土建专业监理工程师对施工工艺和设计要求了然于胸。巡视时对已粘贴完成的保温板进行随机抽查，对未按照“点框法”进行施工和砂浆粘贴率未达到70%的进行拆除重做，确保施工质量（图3）。

（三）发出工作联系单和监理通知

针对监理工程师巡视和验收时发现的砂浆粘贴率不足、未按“点框法”施工、工人质量意识淡薄、锚固件第一次未通过拉拔试验（单个锚栓抗拉承载力标准值不小于0.3kN）等问题，监理部以书面形式向施工单位发出工作联系单，要求整改到位并重新报验。并在每周的监理例会中再次加以强调，将验收标准、检查要点等写入监理例会会议纪要。当监理工程师再次发现类似问题时，监理部针对该工序发出监理通知。

（四）组织召开专题会

在锚固件第二次未通过拉拔试验后，监理部立即组织甲方、总包、分包单位参加关于外保温质量管控的专题会，分析未通过原因，再次对发现的未按设计和规范要求做法施工的行为进行纠正，提高分包单位的质量意识，对下一步工作进行部署。

（五）发出工程暂停令

在保温板未通过拉拔试验（总计第三次）后，监理部与甲方沟通，发出工程暂停令。要求施工单位暂停外保温工序的施工，切实查找自身原因，在首层选取局部部位重新按要求进行施工，待该部位通过拉拔试验后再行复工，并对已施工未通过实体检测的部位做拆除处理。

（六）组织召开专家评审会

在停工期间，监理部组织各参建单位召开专家评审会，参与人员为各单位项目负责人和单位技术质量负责人。通过充分论证，判定质量不达标的主要原因为工人质量意识淡薄，未规范操作，在锚固件钻孔时存在孔隙过大、钻孔深度不足等问题，同时建议保温板粘贴面积加大，严格落实“点框法”施工。

（七）组织对工人进行再教育、再培训，凭证上岗

在复工前，监理部要求对工人进行再教育、再培训，同时由总包单位进行

图3 保温板粘贴砂浆不足

现场操作考核，通过考核者发放“项目部外保温施工上岗证”，对人员素质严格把关，以确保施工质量。监理工程师在巡视检查时随时抽查工人是否持有该上岗证。

（八）见证对保温板和锚固件进行拉拔试验

通过以上管控措施，最终本项目外墙外保温工序质量情况良好，通过监理工程师的见证，后续对保温板和锚固件进行的拉拔试验均合格（图4）。

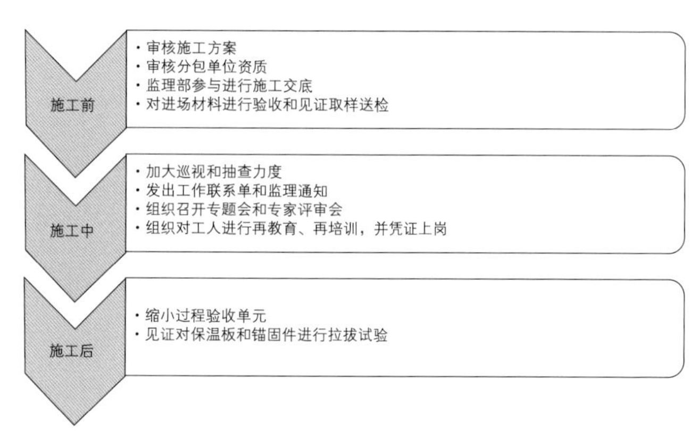

图4 监理部采取的质量管控措施

结语

节能工程作为建设单位工程项目的十大分部工程之一，其质量管控是监理工作的重点，本文通过真实案例，分析了施工工艺原理，总结了在施工过程中动态调整的现场技术管理措施，同时梳理了监理部采取的针对性质量管控举措，在施工前、施工中、施工后均严格按照设计要求和规范流程实施监理工作，最终通过了实体检测和分部工程验收，确保了工程质量。

浅谈城市轨道交通风水电工程动力照明专业质量控制要点

孙白冰

北京赛瑞斯国际工程咨询有限公司事业Ⅵ部

摘　要：本文结合城市轨道交通沈阳地铁1号线东延线新惠街站项目，简要介绍动力照明专业施工质量控制要点，总结动力照明专业施工中的常见问题及预防解决措施。

关键词：城市轨道交通；动力照明；预留预埋；设备调试；施工技术

引言

动力照明供电系统提供车站和区间各类照明电源，以及电扶梯、站台屏蔽门、风机、水泵等动力机械设备电源和通信、信号、自动化等设备电源。照明工程主要包括电气设备安装、照明灯具安装、配管配线、供电系统调试等。

在安装施工过程中，整体安装质量会因多种因素而受到影响。在具体施工过程中，各个环节相互关联，因而任一环节出现质量问题都很可能影响整体电气安装工程的质量。因此，本文结合笔者自身相关工作经验，阐述影响安装的主要因素，并分析安装技术要点，以期为安装质量控制提供参考。

一、工程概况

新惠街站为地下双层岛式站台（远期线为地下3层），车站设3个出入口，2组风亭，车站总长196.7m，站台有效长度118m，标准段总宽19.7m，总建筑面积为11557.85m^2，其中主体建筑8097.71m^2，附属建筑面积3460.14m^2。

车站设一座牵引降压混合所，位于站台A端，其余变电所房间位于A端站台层。在站厅层的两端分别设置一个环控电控室，在站厅层、站台层的两端分别设置一个照明配电室。在站厅、站台的两端各设置两个强电电缆井，供电缆上下贯通铺设使用。

本车站以车站中心线为界，小里程方向为A端，大里程方向为B端。

动力照明系统工程包括供电电源系统、照明系统、防雷接地系统等，各系统详细概况见表1。

二、施工条件准备

（一）施工安排

电气的主要施工内容有预留预埋施工、桥架安装、电缆母线安装、灯具安装、防雷接地等，电气施工与结构、装饰、结合紧密；根据工程特点，为保证工期和施工质量，拟采用永临结合，机电结构一体化、机电装饰一体化、工厂化预制加工等技术措施。根据机电工程各施工阶段主要施工内容，具体流程如表2所示。

（二）分区分段与施工顺序

1. 分区原则

按照各专业系统构成进行划分。主要考虑以下3点：①土建施工进度及施工作业面合理安排机电施工；②其他专业机电分包的施工进度及作业面合理安排机电施工；③工程交竣工时间要求。

2. 施工顺序

施工顺序的合理规划是保证工程顺利进行的前提之一，根据结构施工区域划分及作业面移交进度，机电工程提前穿插进行施工。

各系统详细概况　　表 1

序号	分项	系统描述
1	供电电源	自车站降压变电所 0.4kV 低压开关柜馈出
2	负荷分类	一级负荷： 变电所操作电源、监控系统、通信、信号、AFC、站台门、人防系统、消防设备、兼用疏散的自动扶梯、变电所检修电源、废水泵、雨水泵、电伴热保温、安检系统等。 二级负荷： 不用于疏散的自动扶梯（电梯）、污水泵、区间检修电源、普通风机及相关阀门等。 三级负荷： 清扫电源、电暖气等停电后不影响轨道交通正常运行的负荷
3	动力配电	一级负荷由独立双电源双回线路供电； 二级负荷由独立双电源单回线路供电； 三级负荷由单电源单回线路供电
4	照明系统	（1）照明分类 本站照明分为正常照明、应急照明、站台板下安全电压照明及标识照明、广告照明等。 （2）配电方式 照明配电采用放射式和树干式相结合，以放射式为主的方式
5	防雷接地	（1）动力配电系统采用 TN-S 接地保护系统； （2）所有电气设备的金属外壳、配线钢管等均应与 PE 线可靠连接，但是安全特低电压设备外露可导电部分严禁直接接地或经过其他途径与大地连接； （3）强电接地：内容包含用电设备的外壳、底座、电缆支架及电气构架、金属接线盒、电缆外皮、导线保护管； （4）弱电接地：弱电设备工作接地端子（屏蔽接地端子）与弱电接地端子箱可靠连接，当弱电设备无工作接地端子（屏蔽接地端子）时，其外壳与弱电接地端子箱可靠连接； （5）等电位接地：在每层泵房、卫生间、气瓶间等位置设置等电位接地端子箱，为非电气金属管道及金属构件提供等电位接地条件

各施工阶段的施工流程　　表 2

序号	阶段名称	施工流程
1	预留预埋施工阶段	根据结构施工进度及施工分区，配合结构进行预留与预埋施工工作，同时进行各系统需求调研工作及深化设计
2	机电设备安装施工阶段	本工程各施工分区内单体同时进行机电设备安装工作。先行桥架安装，在二次结构施工期间适时穿插机房设备安装工作
3	装修施工阶段	装修进场后，配合装修单位进行机电末端如开关插座面板、灯具等配合装修末端器具的安装
4	系统调试阶段	依据本工程建筑特点，调试区域按建筑单体进行划分，在实体工作基本结束前适时穿插单机调试工作，然后进行单个系统的调试工作，最后进行机电系统整体的联合调试工作

三、主要施工工艺及质量通病

主要施工工艺及质量保证措施见表 3，质量通病与防治见表 4。

四、主要影响因素分析

（一）工程设备因素

当前电气工程安装过程复杂，施工周期较长，对安装技术有着较高的要求。在实际安装中需要使用多种机械、设备进行辅助，而机械、设备的性能会直接影响安装质量。很多动力照明安装工程出现质量、安全问题的主要原因都是没有重视机械设备的管理工作，因而在动力照明安装施工中，应设置专人管理机械设备并定期维护、检查，从而避免安装过程中因为机械设备原因而对质量产生影响。

（二）安装人员因素

在动力照明安装工程施工中，安装技术人员的素质与技能都会直接影响安装工程质量。很多安装人员是没有经过系统专业培训的进城务工人员，不具备良好的专业技能水平和安全意识，从而在安装施工中较易出现质量及安全问题。因此，施工前应检查安全技术交底，是否全员教育到位；询问工班长是否了解工程具体施工步骤及施工标准。

（三）施工材料因素

在整体建筑电气安装施工中，施工材料是工程质量的基础。当前我国电气安装材料的市场非常复杂，有很多假冒伪劣材料，因此就需要相关采购工作人员具有良好的辨识能力，选择符合施工标准的材料。若有不符合质量要求和标准的材料进入现场，必然会影响建筑电气安装工程的整体质量，甚至会造成严重的经济损失和人身安全问题。

五、监理应对方法及措施

（一）强化工程安装施工前期审查

在开展电气安装工作前，相关监理工作人员需要全面且细致地检查设计文件、勘察资料等，以施工具体的环境及条件构建完善、合理的施工方案。同时需要对设计施工方案进行可行性论证，从而为安全防护措施的落实提供保障。另外，需全面掌握安装人员技能水平，特殊岗位需要持证上岗，同时做好准备工作，全面检查施工所需的机械设备，切实保证机械设备可以正常运行。

要做到设计图纸不经会审和交底不得用于施工；施工组织设计或方案未经

主要施工工艺及质量保证措施　　表 3

序号	施工工艺	质量控制方法	
1	电气接线	施工质量保证措施	导线接头不能增加电阻值、不降低原导线绝缘强度，使用刮刀刮去芯线表面的氧化膜，根据情况选择焊接方式或接线钮拧接导线；单芯线在插入开关、插座等的线孔时拗成双股，用螺丝顶紧
		检验方法及标准	用兆欧表测试线间以及线与管路的绝缘电阻值，电阻值不小于 0.5MΩ；使用游标卡尺检查导线直径，计算导线截面积
		关键节点	绑扎带 绑线卡
2	电缆头制作	施工质量保证措施	热缩头、热缩管及接线端子均采用符合国家标准的材料；电缆剥削使用旋转剥刀，控制导体、绝缘层、护层的剥削长度；接线端子压接模具与接线端子配套，每个压接型电缆端子使用压线钳压接
		检验方法及标准	用游标卡尺检查接线端子的壁厚、长度；用兆欧表测试相间，相对零、相对地的绝缘电阻值
3	配电箱、柜安装	施工质量保证措施	箱柜内的器件选用通过“CCC”认证的产品，由厂家按照标准生产；配电箱柜安装时根据进出线规格、数量预留敲落孔，若不合适必须用机械开孔器开孔；明装配电箱安装前先在墙面上定出箱体的下边线及侧边线，然后安装箱体，以保证箱体的标高、水平度及垂直度；配电箱柜内的导线排列整齐、绑扎成束
		检验方法及标准	箱体的支架采用拉力器进行拉力测试；柜顶及柜面的平直度、垂直度使用拉线、挂线、尺量的方法控制
4	电气接地	施工质量保证措施	选用符合设计和国标要求的镀锌扁钢、铜排、铜编织带、软铜线；镀锌扁钢（钢板）与镀锌扁钢的连接采用三面焊接，焊缝长度为镀锌扁钢宽度的 3 倍，焊完后立即对焊缝刷防锈漆；镀锌扁钢（钢板）与接地电缆采用涮锡处理的铜端子，通过螺栓连接
		检验方法及标准	使用游标卡尺等对镀锌扁钢、铜排、铜编织带、软铜线进行截面检查；使用摇表对接地电阻进行测试
		关键节点	接地端子箱 支持件 接地端子板 接线端子 接地线

监理审批不得用于施工；施工人员未经施工技术交底不得从事施工；材料设备及构配件未报验、审批不得在工程中使用；上道工序质量未经检查、验收不得进行下道工序；未经总监理工程师认可不得进行工程竣工验收。

（二）明确安装施工技术标准规范

1. 配电设备安装

当前动力照明工程安装的数量、规模都在不断扩大，而在整体安装工程中，配电设备安装有着重要的位置。配电设备安装主要是为了承担电力荷载，从而需要明确配电设备安装技术要点，并严格控制配电设备安装质量。在安装前施工人员需要仔细勘察施工现场环境，选择最为合适的接线方式。与此同时，安装人员需要使用开孔器对配电箱的接线箱、分线箱进行开孔，从而降低事故发生率，提升施工安全。同时，安装人员应充分保证配电箱开口的合理性和设备的完整性。

2. 管线暗设预埋

在实际开展管线暗设预埋的过程中，安装人员必须严格遵守标准规范。如为混凝土结构则应该敷设直行管线，并且管线与建筑物表面间隔距离要大于 15mm，同时需要结合实际情况暗配钢管。若安装环境具有较大的湿度，则需要在管口、连接处进行密封处理，同时应该避免预埋地下的管线穿越基础设备，若施工环境条件不允许，则需要采取安全防护措施避免管线与设备之间形成干扰。

3. 电缆敷设

在开展电缆敷设施工前，需要仔细检查电缆的规格、型号及性能，保证其满足施工设计要求，同时需要检查电缆质量和绝缘性能。在敷设工作中，对电缆予以标号排列，以此为基础避免交叉敷设，同时需要严格按照标准，保证在无尘干燥的环境下制作接头。

4. 防雷接地处理

一般情况下电气工程安装使用的电气设备均不带电，但是设备的金属外壳在事故状态下会带电，因此必须做好防雷接地工作，需要保证接地电阻维持在 1Ω 以下。

通过以上措施，监理可以更加有效地掌控施工质量，从而确保工程质量符合国家现行有关法律、法规、规范和技

质量通病与防治　表 4

序号	项目	现象	预防措施
1	电管敷设	管路进配电箱不顺直、不平齐；未锁紧固定	施工前对操作工人进行培训，配管进箱前先将管路调整顺直；加大施工检查力度
2	导线敷设连接	与接线端连接时，一个端子上连接多根导线	接线柱和接线端子上的导线连接宜 1 根，如需 2 根中间加平垫片，禁止 3 根及以上导线接在同一接线柱上
		线头裸露，线槽内导线排列不整齐	严格按照工艺要求进行导线连接；线槽内导线按回路绑扎成束固定
3	配电箱安装	箱体开孔不符合要求，破坏箱体美观	订货时严格标定留孔规格、数量，厂家按规格、数量生产；如需开孔必须采用专用机械
4	开关插座安装接线	面板污染、不平直、高度不统一、与墙体间有缝隙	与接线盒固定牢靠；与装饰密切配合，在最后一遍油漆前安装开关插座；用水平尺调校成水平状态，保证安装高度的统一
		导线压接不牢，接线不规范	使用接线钮拧接并线，向开关插座甩出一根导线，以保单根导线进入线孔；插入线孔时导线拗成双股，用螺丝顶紧、拧紧
5	电缆安装	电缆无标志牌，电缆敷设杂乱	在电缆终端头、拐弯处、夹层、竖井的两端等挂标牌；深化设计时排好桥架内的电缆布局，现场施工时按顺序敷设
6	接地安装	电管敷设时跨接地线串接	施工前使用图解的方式对操作工人进行跨接地线的专项培训，让每名施工人员明白什么是串接和并接，施工过程中加大检查力度
		接地端子压接不牢固	施工前进行技术交底，施工完成后进行测试

术要求，以及符合设计文件、招标文件、合同文件所约定的技术要求和工程质量标准，取得工程整体竣工验收合格。

结语

电气安装工程不仅复杂且系统，同时需要安装技术人员具有良好的专业技能水平和综合素质，还要具备较强的责任感。因此，在安装施工过程中需要对安装技术的要点进行全面了解和掌握，必须严格按照施工标准、规范进行安装，还需要对安装进行检验，从而保证建筑电气安装工程的质量与安全。

参考文献

[1] 王培豪．建筑电气工程安装技术要点及应用[J]．城市建筑空间，2022，29（S1）：337-338．
[2] 李斌．建筑电气工程安装技术要点及实践探析[J]．内江科技，2022，43（4）：12-13．
[3] 丁修功，赵庆洪，郭俊海，等．建筑电气工程安装技术工艺要点探析[J]．居舍，2022（2）：49-51．

浅谈钢结构工程施工监理控制要点

丁锐锋
北京光华建设监理有限公司

摘　要：近些年来，随着国民经济的快速发展，钢结构在我国房屋建筑领域得到越来越多的应用。钢结构工程的施工质量直接影响到整个工程的结构安全性，因此，工程监理加强对钢结构施工质量的控制管理，就显得尤为重要。本文就钢结构房建工程施工质量控制监理工作的实际情况，简要介绍不同阶段的质量管控要点。

关键词：钢结构；施工监理；管控要点

某项目办公楼地下钢结构局部采用劲性钢柱与劲性钢梁，地上钢结构采用钢框架－中心支撑结构，钢构件类型主要包括箱型钢柱、焊接H型钢梁、热轧H型钢梁、钢楼梯、箱型钢支撑，所用主要材质均为Q355B。

一、深化设计阶段质量管控

深化设计是建设高品质钢结构工程的关键环节之一。该项目钢结构施工前，项目监理部参与了深化设计审核，主要从结构深化设计和施工详图两个方面进行审核。以经外审的二维码图纸、设计技术要求、设计变更文件，相关专业配合技术文件为主要审核依据。

从钢构件分段划分、焊接工艺、紧固件连接工艺、零部件加工工艺、构件组装预拼装工艺、涂装安装工艺及施工构造等方面是否符合设计规范及相关标准进行审核。

细节审核深化图中地下结构部分劲型钢柱栓钉型号、间距，混凝土结构梁与钢柱预留连接板、套筒间距及定位排布与原设计图纸结构配筋位置关系吻合性，地上部分钢柱、钢梁连接，楼承板所用形式及排布、栓钉规格型号、防腐及防火涂层合理性等内容。以上措施目的是使该项目钢结构在正式安装过程中，无深化设计漏洞，保质保量按工期节点完成安装任务。

二、驻厂过程质量管控

想要建设高品质的钢结构工程，除了优秀的深化设计，前期钢构件在工厂加工过程中的质量管控同样十分重要。

加工图的深度决定加工精度，加工精度决定安装精度，继而影响安装质量。该项目钢构件均在钢结构加工厂加工，应业主要求，项目监理部采取驻厂监理方式对钢构件加工进行过程质量管控。项目监理部驻厂监理小组在钢构件加工过程中对所需原材料及各加工工序严格按规范要求进行过程检查验收，主要从原材料进场复试、钢板裁剪、埋弧焊接、焊缝探伤、喷砂抛丸、防腐喷涂、观感检查等工序进行质量把控；管控过程中监理小组把钢构件与加工图进行详细比对，如发现钢柱与钢梁连接板焊接不垂直、组装箱型钢柱的钢板单面挠曲调直不到位、劲性钢柱连接板焊接位置错误等问题，均要求现场车间加工人员整改至验收合格。

钢构件在出厂运输前，驻厂监理小组核对运输单及检查装运好的构件成品保护措施是否到位，把好出厂前质量验收关，并把运输单发至项目内部沟通群，做到信息互通，发挥了驻厂监理的质量管控把关作用。最终，进场项目的钢构件无退场更换，未影响现场安装进度，得到了业主一致好评。

三、基础部位钢柱定位质量管控

在钢结构正式安装施工前，监理部须组织监理人员充分熟悉深化设计图、安装图，以及与钢结构施工有关的规范、标准和工艺技术条件。钢结构基础转换层预埋地脚螺栓定位的质量控制是整个工程施工中最基础、最重要的一步。在地脚螺栓开始预埋之前，熟读图纸，并对定位钢板固定、螺栓丝扣保护、高程进行校核，以防止预埋的螺栓因受到混凝土浇筑扰动而产生移位。

四、钢构件进场质量管控

钢构件进场质量的验收非常关键，进场时，不仅要审查具体的钢构件进场明细表，还要核对几何尺寸、外观感观；此外，以下资料也不能忽视：①钢材材质的复试单（初始件）；②钢材的材质证明（复印件要盖生产单位的公章，还要对初始件的存放处进行说明）；③无损检测报告（需原件）。

五、钢结构安装焊接质量管控

1. 在钢构件节点焊接前，项目监理部应组织施工单位对进场焊工进行工艺焊接现场考评，涉及该工程焊缝形式，要求每名焊工进行焊接工艺试件展示；首先重点检查焊缝起弧、收弧部位缺陷，其次检查焊缝宽度、平整度，焊缝高度不低于母材等主要检查点，对不合格焊工进行淘汰。监理工程师应在正式焊接作业中对焊工焊接质量进行复查，检查是否与焊接试件工艺考评一致。

2. 正式焊接过程中，监理应实时掌握焊接的环境，如气温及风力变化。现场通常采用气体保护电弧焊，最大风速不宜超过 2m/s，如果超出上述范围，应采取有效措施以保障焊接电弧区域不受影响。焊接环境温度低于 0℃但不低于 –10℃时，应采取加热或防护措施，应确保接头焊接处各方向不小于 2 倍板厚且不小于 100mm 范围内的母材温度不低于 20℃，或取 20℃与规定的最低预热温度中的较高值，且在焊接过程中不应低于这一温度。焊接环境温度低于 –10℃时，必须进行相应焊接环境下的工艺评定试验，并应在评定合格后再进行焊接，如果不符合上述规定，严禁焊接。

在施项目应合理制定钢结构安装焊接时间，如条件允许应避开夏天高温天气、冬天低温时段进行焊接作业。

3. 焊接过程质量管控。该项目钢构件使用钢板材质厚度为 6~40mm，为中厚板。现场监理应着重对厚板、竖向箱型柱间水平对接焊缝，以及主梁与钢柱间焊缝的焊接进行重点管控。主要焊接顺序原则为：①钢柱对接横口位置焊接随吊柱顺序，顺方向依次进行；②主梁与钢柱焊接，待框梁、次梁与钢柱形成局部稳定单元体时，先待一端焊接完成后开始作为自由端的另一端焊接；③同一根钢梁两端的接头及与次梁存在的接头必须分别焊接，钢柱牛腿与框梁的接头必须对称施焊；④对于相互有构件连接的钢结构整体，先焊接中心部位的节点，再焊接周边的节点（即先中心后周边）；⑤独立单元焊接面上焊工均布，均衡焊接。

监理应对合理的预热、后热和层间温度的控制工艺，预先反变形措施，多层多焊道焊接工艺进行严格管控，焊后及时用超声检测等方式进行有效查验。

该项目主要节点焊接——箱型柱对接焊接的顺序为：两位焊工先从任意两个对立面同侧向另一向采取多层多焊道工艺依次施焊，起弧、收弧满焊结束后，再移动至另一侧同上施焊顺序起弧，收弧满焊后，完成对接面四面焊缝的焊接。

钢梁、钢柱牛腿节点焊接：钢梁先焊下翼板焊缝，再焊上翼板焊缝（同向平行施焊）。

4. 该项目焊缝质量等级为一级焊缝，不允许有质量缺陷，如裂纹、未焊满、根部收缩、咬边、表面气孔、夹渣等缺陷。现场监理在焊接作业中，应对焊缝质量观感进行过程检查，发现质量缺陷及时要求施工单位整改到位。施工单位焊缝自检全数 100% 检测，第三方检测机构全数 20% 进行现场检，该项目焊缝检测为全部合格。

六、螺栓安装质量管控

1. 该工程采用的是扭剪型高强度螺栓，应用于梁柱节点、主次梁等连接节点。监理首先应对进场高强度螺栓连接摩擦面的抗滑移系数试验进行见证复试，复试报告试验结果应满足设计要求。

2. 对于扭剪型高强度螺栓连接副，除因构造原因无法使用专用扳手拧掉梅花头外，螺栓尾部梅花头拧断为终拧结束。未在终拧中拧掉梅花头的螺栓数不应大于该节点螺栓数的 5%，对所有梅花头未拧掉的螺栓连接副应采用扭矩法或转角法进行终拧标记，并在终拧完成

1h后、48h内进行终拧质量检查，检查数量按节点数抽查10%，且不少于10个，每个被抽查到的节点，按螺栓数抽查10%，且不少于2个。

3. 构件吊装前清理摩擦面，保证摩擦面无浮锈、污渍。安装临时螺栓固定，不得使杂物进入连接面之间，安装螺栓数量不得少于本节点螺栓数的1/3，且不少于2个。用高强度螺栓替代安装螺栓进行初拧，高强度螺栓初拧从螺栓群中部开始安装，向四周逐个拧紧后24h内完成终拧扭矩检查，终拧顺序同初拧，严禁用高强度螺栓代替安装螺栓。

4. 监理工程师在扭剪型高强度螺栓安装前应检查连接板摩擦面是否受到划伤等，对螺栓初拧、终拧间隔时间做到心中有数，同时检查终拧后梅花头断落数量，狭小空间内未拧下梅花头的部位，及时要求施工单位利用专用的扭力扳手进行扭合。

七、防腐和防火涂装施工质量控制

（一）防腐涂层施工过程质量管控

1. 该工程室外钢结构部位环氧富锌底漆不少于2道，且干膜厚70μm；环氧云铁中间漆不少于1道，且干膜厚70μm（金属在干膜中的重量比不低于80%）；丙烯酸聚氨酯面漆不少于3道，且干膜厚100μm。室内钢结构部位环氧富锌底漆不少于4道，且干膜厚140μm；环氧云铁中间漆1道，干膜厚60μm（金属在干膜中的重量比不低于80%）。

2. 焊接部位及梁柱、主次梁连接节点施工后应及时进行防腐处理，如间隔时间较长或经雨季生锈，搁置期间发生锈蚀和老化的情况，现场监理应对除锈打磨进行验收合格后，督促施工单位及时进行防腐喷涂。

（二）防腐涂层验收

外观目测检查涂膜是否存在龟裂、流挂、鱼眼、漏涂、片落和其他弊病。使用ASTM D3359十字划线附着力试验方法检测涂层附着力。涂层膜厚用磁性干膜测厚仪测量，还需第三方检测机构按相关试验要求进行现场检测，检测合格后方可进行下道工序。

（三）防火涂料施工过程质量管控

1. 防火涂料现场大面积施工前需先进行样板施工，经业主、监理共同确认合格后才能大面积施工。

2. 用于保护钢结构的防火涂料必须有当地消防部门认可的国家检测机构的耐火极限检测报告和合理化性能检测报告，以及防火监督部门核发的生产许可证和生产厂家的产品合格证。

3. 钢结构防火涂料出厂时，产品质量应符合有关标准的规定，并应附涂料品种名称、技术性能、制造批号、贮存期限和使用说明。

4. 防火涂料中的底层和面层涂料应相互配套。底层涂料不得锈蚀钢材。

5. 当防火涂层出现下列情况之一时，应重新喷涂：

1）涂层干燥固化不好、粘结不牢或粉化、空鼓、脱落时；

2）钢结构的接头、转角处的涂层有明显凹陷时；

3）表面有浮浆或裂缝宽度大于1mm时；

4）涂层厚度小于设计规定厚度的85%时；涂层厚度虽大于设计规定厚度的85%，但未达到规定厚度的涂层之连续面积的长度超过1m时。

6. 防火涂层验收

1）钢结构防火涂料施工结束后，现场监理应进行观感检查及厚度检测验收。用目视法检查涂层外观颜色是否均匀，有无漏涂，有无明显裂缝和乳突情况。用0.5~1.0kg榔头轻击涂层，检查是否粘结牢固，有无空鼓或成块状脱落，用手触摸涂层，观察是否有明显脱粉，用1m直尺检测是否平整均匀。

2）用测针检测涂层厚度的测定方法：测针由针杆和可滑动的圆盘始终保持与针杆垂直，并在其上安装固定装置，圆盘直径不大于30mm，以保证完全接触被测涂层的表面。测试时，将测厚探针插入防火涂层直至钢材表面，记录标尺读数。

7. 成品保护：现场监理对喷涂、干燥、固化全部验收合格后，应要求施工单位对涂层进行成品保护，宜用塑料布或其他物品遮挡，以免强风直吹和暴晒，造成涂层开裂。

八、安全风险监理管控要点

该项目现场监理部从季节性施工、高处作业、焊接动火作业、吊装等安全方面进行重点管控，采取吊装安装安全质量双旁站、巡视及监理部各专业工程师人人参与安全监管的方式，全员对钢结构施工安全进行过程管控。

（一）季节性施工安全管控

在夏季高温天气，现场监理应监督施工单位是否尽量避免午间施工，是否合理组织夜间施工。监理部应主要从以下几点进行管控：

1. 是否按相关规定做好防暑降温工作，是否根据当地夏季气温高、持续时间长的特点，开展防暑保健、中暑急救等卫生知识的宣传工作。

2. 当天气预报气温达35℃以上时，应尽量避免高温时段进行露天室外作业，监督施工单位严格控制加班加点时间，减轻工人劳动强度，避免疲劳作业，保证夏季炎热天气施工的正常进行。

3. 是否制定了高温天气施工的制度，茶水间供应，防暑用品、药品是否配备齐全，现场医务室应加强对高温时期工人身体状况的监测。

4. 临建房内空调降温设施应齐备，有效保证施工人员得到良好的休息。

（二）冬期施工管控

冬期施工由于气候寒冷，经常有风、雪天气，施工作业条件较夏季困难得多，监理部应主要从以下几点进行管控：

1. 风、霜、雾、雪天气应停止构件吊装作业。

2. 操作台及钢构件上必须设专人清理冰、雪及残留物。严禁在早间最低温，操作平台钢构件表面霜雪未化之前进行施工；施工前穿着防滑鞋，佩戴安全带、安全帽等防护用品，齐全、有效后方可进行高处作业。

（三）高处作业安全管控

1. 监管钢梁上翼缘设置立杆式安全绳，立杆采用夹具与钢梁固定，避免焊接破坏母材，安全绳采用花篮螺栓调节松弛度。

2. 监管钢爬梯是否固定牢靠，顶部防坠器是否设置齐全，以增加高处作业安全系数。

3. 监管作业层楼层下方是否满铺水平安全网。

4. 检查外梁柱节点是否安装专用安全操作平台，为高处安装焊接提供安全保障。

5. 高处作业人员是否按规定佩戴安全带、安全帽，穿着防滑鞋等安全用品。

6. 巡视中监管高处作业人员所使用的各种手动工具是否使用安全绳与腰间的安全带相连接，防止手动工具在使用时脱手坠落；对轻型或小型电动工具是否加设了不同形式的防坠链和防滑脱挂钩，以防止工具坠落发生伤人事故。是否有将梅花头、栓钉随意向下抛投情况，是否随身佩戴工具袋。

（四）焊接作业安全管控

1. 检查施工单位是否按要求制定动火作业制度，并是否按动火审批制度严格执行。

2. 焊接用气瓶防震胶圈、支架车、防晒措施等是否具备；气瓶阀门是否安装了防回火装置；压力表是否完好，且在要求压力范围内。

3. 焊接作业时，钢梁下部是否挂设接火盘，看火人、灭火器、水桶是否到位。

4. 审核焊接人员焊工证是否齐备，且在有效期内。

5. 焊接人员是否穿戴专用工作服、绝缘鞋、绝缘手套、脚盖等防护用品。电焊机外壳是否接地可靠。

6. 雨雪及大风天气禁止进行露天焊接作业，以免触电。

（五）吊装作业安全管控

1. 钢构件吊装前应检查施工单位信号司索工是否到位，沟通指令是否畅通，否则严禁进行吊装作业。

2. 检查吊装作业区施工单位安全管理人员是否在岗，是否设置了警示牌、拉设警戒线，吊索吊具是否定期进行检查及更换。

3. 对所有用于吊装的挂钩、挂环、钢丝绳、铁扁担等进行外观检查，发现损坏失灵应及时通知施工单位现场安全员停止吊装，更换受损及失灵配件。

结语

综上所述，钢结构的发展势头迅猛，市场前景乐观，随着钢结构的广泛应用，钢结构的技术难度越来越大，加工、安装精度要求也越来越高，一些问题也会越来越受关注。监理工程师除了要做好钢结构施工中各工序的质量、安全管控，认真把握好“事前、事中”管控环节外，还应及时掌握钢结构新技术、新工艺等方面的知识，树立良好的安全、质量意识，从大处着眼，小处入手，切实有效地实施工序管理。只有这样，才能给业主提交一份满意的答卷。

参考文献

[1] 张勇．钢结构工程监理质量控制要点[J]．甘肃科技，2011，27（19）：173-174，164．
[2] 钢结构工程施工质量验收标准：GB 50205—2020[S]．北京：中国计划出版社，2020．
[3] 钢结构工程施工规范：GB 50755—2012[S]．北京：中国建筑工业出版社，2012．
[4] 建筑钢结构防火技术规范：GB 51249—2017[S]．北京：中国计划出版社，2017．

电站超高压煤粉锅炉安装监理要点

杨子云
北京兴电国际工程管理有限公司

摘　要：电站锅炉作为热电厂的特种设备和热力设备，起着向汽轮机连续提供过热蒸汽的作用。电站锅炉安装质量十分重要，直接关乎电站的稳定运行和经济效益。本文以某电站工程高温超高压煤粉锅炉安装为例，从监理角度重点分析了超高压电站锅炉安装过程中的质量控制要点。

关键词：电站锅炉；质量监理；控制要点

引言

本文就电站超高压煤粉锅炉，从准备阶段、安装过程、锅炉水压试验、炉墙施工等全过程进行阐述：对安装过程的质量控制进行分析，包括锅炉构架、锅筒、水冷壁、过热器、省煤器、蒸发器、吊杆、刚性梁等各个环节，并概述锅炉水压试验、炉墙施工过程的注意事项。希望本文能够为同类锅炉安装和监理提供参考，提高电站锅炉的安装质量。

一、锅炉简况

本锅炉为四角切向燃烧、单炉膛自然循环汽包炉。锅炉采用Ⅱ型半露天布置、平衡通风、固态排渣、全钢构架悬吊结构，采用管式空预器。

1. 锅炉主要参数：

最大连续蒸发量：220t/h；额定蒸汽压力：13.8MPa.G；额定蒸汽温度：540℃；给水温度：215℃。

2. 锅炉基本尺寸

炉膛宽度（两侧水冷壁中心线间距离）：8370mm；炉膛深度（前后水冷壁管中心线间距离）：8370mm；锅筒中心线标高：37260mm；锅炉最高点标高（雨棚）：44600mm；锅炉最大宽度（包括平台）：22720mm；锅炉构架左右柱中心线间距离：22220mm；锅炉最大深度（包括平台）：35000mm；锅炉构架前后柱中心线间距离：33000mm。

二、锅炉安装前的准备工作

梳理好锅炉图纸（包括设计更改单）、锅炉安装说明书、锅炉安装合同等文件以及《锅炉安全技术规程》TSG 11—2020、《电力建设施工技术规范　第2部分：锅炉机组》DL 5190.2—2019和《电力建设施工质量验收规程　第2部分：锅炉机组》DL/T 5210.2—2018等标准规范。熟悉上述技术资料，提前编制锅炉安装监理实施细则，保证监理工作有序开展。

三、安装过程监理要点

（一）构架

锅炉钢架有关金属结构在安装前应对立柱、横梁、护板等主要部件的质量进行下列外观检查：部件外表面的锈蚀情况以及有无重皮、裂纹等缺陷，外形尺寸及各零件尺寸、数量是否符合图纸，检查焊接连接的质量，有无弯曲和扭转等，钢结构组件在吊装就位前必须对柱脚基础进行检查，待验收合格后方可吊装。

钢架安装时就位一件，找正一件，要求施工单位内部检查验收一件，每层钢架安装完报监理验收。各部件的找正内容及顺序，一般应符合下列规定：①立柱柱脚中心对准基础划线中心，可以利用柱脚和基础对十字中心线的办法检查；②根据基准标高测量各立柱标高，可以在立柱上预先划出的1m标高线进行测量调整；③立柱倾斜度应在两个垂直平面上的上、中、下三点用线锤测量；④相邻立柱间在上、中、下三个位置测量中心距离；⑤各立柱间在上下两个平面测量相应对角线；⑥根据主柱标高测量各横梁标高及水平；⑦锅炉平台、扶梯应配合钢架的安装进度尽早安装就位，以保持钢架的稳定和施工的安全；⑧在安装好的平台、扶梯、支架等部件上，不得任意切割孔洞，必须切割时，应事先进行必要的加强；⑨钢架找正完毕后，应根据设计图纸将底座固定在基础上。

（二）锅筒

锅筒是重要的厚壁受压元件，除允许在锅筒预焊件上施焊外，锅筒的其他部位严禁引弧和施焊。锅筒内部装置与锅筒一起装配出厂，安装前应检查内部装置的数量、质量、装配位置是否符合图纸要求，有严密性要求的焊缝必须密封焊，不得有漏焊和裂纹，旋风分离器的固定应牢固，必要时可将固定旋风分离器上方法兰端的螺栓点焊固定，键连接件安装后应点焊，防止松动。

内部装置安装完毕，必须再将锅筒内清理干净，不得有污垢和其他杂物，以确保蒸汽品质合格。锅筒起吊应平稳缓缓提升，避免晃动和撞击，就位时要严格找正，保证锅筒中心标高正确，误差在 ±5mm 之间，水平度误差不大于2mm。

（三）水冷壁

水冷壁出厂时，每片管屏上都有编号标记，安装时必须注意，各片的位置及方向不得装错。受热面管屏组合时按产品上标识进行组合，监理验收时还需核对图纸，是否一致。下降管由于原材料原因分段尺寸有变化，现场监理要求按锅炉厂提供的尺寸拼接。

（四）过热器、省煤器及蒸发器

各级受热面的组合工作，应在经过找正和稳固的组合架上进行。应仔细检查所有受热面管子表面有无裂纹、碰伤等缺陷，如有缺陷其深度小于壁厚10%者，须修磨成圆滑过渡，并应与制造厂协商后实施。管子安装对口前应进行通球检查，管子和集箱内必须彻底清理干净，不得有杂物和锈皮。管子对口焊接前必须经过光谱检验，确认是否符合图纸要求。过热器、再热器受热面中虽采用不同牌号钢管，但炉外与集箱管接头在工地的对接均为同种钢焊口。对于带有长管接头的集箱的起吊，不能使长管接头受力，可设法利用集箱的包装装置来起吊，待集箱吊装就位后，再割除包装装置。过热器吊装、焊接完毕后，为保持每屏管束横向间距符合图纸要求，按图所示装上梳形定位板。各受热面吊装就位后，应仔细核对集箱与锅筒、集箱与集箱间的尺寸，检查受热面管子与相邻部分之间的膨胀间隙，如高温过热器蛇形管与折烟角之间的距离等应符合图纸要求。各受热面安装完毕后，参照《测点布置图》装设测点。安装省煤器通风梁要注意保证两端用铁丝网罩住，防止异物进入。整个安装过程中应注意随时调整吊杆装置，使同一构件上的吊杆受力均匀。

安装密封装置时，尤其是过热器、再热器、蒸发器在水冷壁穿管的位置，需监督安装顺序。

（五）锅炉管道系统和连接管

管道安装按《电力建设施工技术规范　第5部分：管道及系统》DL 5190.5—2019的规定执行，在锅炉范围内的管道中，凡属现场布置的管道及其支吊架一般应符合以下要求：①管道应统筹规划，布局合理，走线短捷，不影响通道，有疏水坡度（排污、疏水管道在运行状态下有3°~5°的坡度），能自由热补偿且不应妨碍锅筒、集箱和管系的热膨胀。②安全阀排汽管道上排汽管底部的疏水管应接到安全地点，在疏水管上不允许装设阀门。③按照锅炉热膨胀方向，在疏水盘和排汽管之间按图纸安装，应留有足够的间隙，以防排汽管道热应力附加在安全阀上。④支吊架布置合理、结构牢固，不影响管系的热膨胀。⑤取样管应采用支吊架固定，特别是距离管接头附近2m左右，以防止管道晃动而损坏管接头。⑥阀门安装应注意介质流向，阀门的传动装置和安装位置应便于操作和检修。根据阀门的电动装置的特性，正确调整行程开关位置，使阀门能关严、开足。根据电动装置技术规定，应做过力矩保护试验，当超过规定力矩时应能可靠动作。

管道焊口的焊接应采用氩弧焊打底工艺。所有锅炉范围内管道在安装时注意不要与其附件的梁或其他构架相焊，以防运行时管子不能膨胀而被拉坏。所有装设在锅炉上的安全阀，应在锅炉投运前进行试验性运行，验证安全阀的正常功能，如校正开启压力、回座压差，机械动作是否正常，有没有震颤以及全关时是否泄漏等。安全阀的热态调整试验由安全阀公司负责，监理参与验收。

（六）吊杆

顶部吊杆装置上的销轴、螺母等，在安装前必须注意区分是合金钢还是碳钢材料，严格按图纸要求进行安装，不允许混用或擅自代用。吊杆安装前必须经过外观检查，清除螺纹处的防锈涂层、油漆等。螺纹和焊缝不允许有任何损伤，若有碰毛现象应仔细修磨，并均匀涂上润滑油脂，以防止安装时螺母咬死。在安装过程中不允许对吊杆受力部位进行焊接和引弧。吊杆安装时由于荷载随着安装进程逐步增加，支承梁承载后挠度发生变化等原因，刚性吊杆的安装调整应在各个安装阶段反复多次地进行，做到同一集箱或管道上有多个吊点的吊杆负荷合理分配，防止有的吊杆超载，有的吊杆完全松动而不受力。相同型号的可变弹簧可能要求不同的安装载荷值，因此，安装前必须仔细区分，并按图纸所示“对号入座”严防搞错。可变弹簧吊架在最终调整后应将锁紧螺母锁紧。下降管选用的恒力弹簧支吊架，在安装时参照《恒力弹簧支吊架》NB/T 47038—2019 进行安装。

（七）刚性梁

导向装置：为了锅炉有一个人为的膨胀中心，使炉膛和尾部烟道悬吊部分承担的风荷载、地震力以及各管道膨胀引起的导向力传递到锅炉构架上，在炉膛前后左右水冷壁和尾部烟道前后包墙上设有多层导向装置。导向装置的结构是在刚性梁上焊型钢或钢板制成的挡块，在构架上（与挡块相应的位置）焊或栓接上另一型钢作为制动块，刚性梁上的挡块与构架上的制动块互相卡住（间隙 1~3mm）。锅炉的导向载荷通过导向装置传递给构架。安装时必须按设计图纸及图纸上的附注要求安装。图纸上注有“禁焊”之处，安装时不得在其上进行点焊和焊接，并防止被卡住，装后应逐一检查。

安装时如刚性梁附件与管子焊缝相碰，可对焊缝进行修磨，但不能损坏管子。同层水平刚性梁的标高偏差不大于 5mm。分段出厂的刚性梁在工地应严格按《锅炉钢结构制造技术规范》NB/T 47043—2014 有关规定进行拼焊。

（八）燃烧器安装

燃烧器安装前按图复查喷口大小、喷口垂直度、标高等尺寸，符合要求后才能安装，安装时检查假想切圆及其他尺寸，符合要求后才能对燃烧器与大风箱进行焊接。

（九）其他金属结构件的安装

烟道应按图纸所示要求进行安装，各段烟道连接处转角若有间隙，吊装就位后应用钢板填补并密封焊接。

锅炉密封焊接：锅炉密封通常采用微正压室的二次密封形式。一次密封采用金属件结构阻挡高温烟气，二次密封盒采用柔性结构满足目前膨胀的需要。安装时要特别注意安装顺序、焊接顺序，以确保安全达到图纸要求。在安装密封盒时，要求先在密封盒内按炉墙设计填塞满物料以后再封盖焊妥。严禁先做好密封盒，割开再浇筑混凝土等。

外护板：为使锅炉外表整齐、美观和保护炉墙，在锅炉外表面用外护板包覆。外护板为压制而成的彩钢波形板，安装时需注意在运输、堆放时应放置平稳，严禁踏踩、撞击，如有挠曲变形应校正。在炉墙、保温施工前把固定护板用的金属件按图纸所示位置装焊于膜式壁管间的扁钢上，待炉墙、保温施工完毕再安装外护板。波形板与波形板之间采用自攻螺钉连接，波形板与连接件采用抽芯铝铆钉连接。

（十）阀门、仪表、吹灰器等安装

按照厂家提供的图纸、安装说明书安装，水位计及安全阀不参与水压试验。

四、锅炉水压试验

水压试验前应将主蒸汽、再热器管道，集中下降管、事故放水管等各管路上的弹簧吊架、阻尼器及炉顶弹簧吊架用插销或定位片予以临时固定，暂当刚性吊架用。水压试验的顺序应先做再热器系统，后做主蒸汽系统。上水前，水质应经化验合格。水压试验应在周围气温高于 5℃时进行，低于 5℃时必须有防冻措施。水温度需高于周围露点温度以防锅炉表面结露，但也不宜温度过高，以防止引起汽化和过大的温度应力，任何情况下水温应不低于 20℃，金属温度不大于 50℃。上水速度不应太快，以免造成受热不均。建议上水速度为夏季不少于 2h，冬季不少于 4h。水压试验前必须进行安全检查：①所有外来的材料及工具均应已清除；②炉里面无人；③压力表均已校准，压力传送管均正确连接，压力表前阀门处于打开位置；推荐的水压试验压力表为：锅炉主蒸汽系统量程 0~40MPa，锅炉再热器系统量程 0~8MPa，精度 1.6%，压力表表盘直径不小于 150mm；④所有安全阀阀体必须拆除，装上水压试验用堵头板；⑤设计中未考虑到水压试验压力的其他部件要隔离；⑥所有阀门应调节自如，且正确安装到位。

五、炉墙施工

遵守国家和相关部门的各项规定并注意以下几点：留出足够膨胀缝，待炉墙施工完毕后，必须对每条膨胀缝进行一次清扫，以保证膨胀缝内无垃圾、杂物等；膨胀缝上下端、左右侧部必须垂直于水平膨胀缝且尺寸准确；注意施工顺序，有的需在锅炉密封前提前施工。

文物保护工程修缮施工质量监控要点

廖良君
上海海龙良策工程顾问有限公司

摘　要：《文物保护工程管理办法》规定文物保护工程是指对核定为文物保护单位的和其他具有文物价值的古文化遗址、古墓葬、古建筑、石窟寺和石刻、近现代重要史迹，以及代表性建筑、壁画等不可移动文物进行的保护工程。文物保护工程分为保养维护工程、抢险加固工程、修缮工程、保护性设施建设工程、迁移工程等，其中修缮工程指为保护文物本体所必需的结构加固处理和维修，包括结合结构加固而进行的局部复原工程。文物保护工程修缮施工监控是指监理单位根据与委托方签订的委托监理合同，在文物保护工程的施工准备阶段、施工阶段、工程竣工验收阶段和工程保修期阶段对工程质量、进度和文物安全等一系列进行监督和管理的活动。

关键词：文物保护工程；修缮施工；质量监控；要点

引言

文物保护工程修缮施工质量监控分为施工准备阶段、施工阶段、工程竣工验收阶段和保修期阶段。

一、施工准备阶段的质量监控

1. 总监理工程师应组织监理人员全面熟悉合同文件、设计文件、相关标准和检测方法，熟悉重点保护部位现状情况，对于设计文件中提供的图纸和数据，应组织现场复查，发现问题通过项目实施单位向设计单位提出书面意见和建议。

2. 项目监理机构应按合同规定督促施工单位组建完整的、以自控为主的质量保证体系，该体系各类管理人员应由具有相应专业技术职称、熟悉技术规范和技术文件的技术人员担任。在工程项目开工前，施工单位应将工程质量保证体系方案和企业资信证明等相关资料报项目监理机构进行审核，经总监理工程师签认后报送项目实施单位。

3. 工程开工前，总监理工程师应组织专业监理工程师审查施工单位提交的施工组织设计（保护专项施工方案），并在报审表上提出审查意见，签认后报项目实施单位，保护专项施工方案须报文物行政主管部门批准。专业监理工程师应依据施工合同规定的日期，认真审查施工单位提出的开工日期及相关资料，符合开工条件时，报请总监理工程师签发开工令。

二、施工阶段的质量监控

1. 总监理工程师应根据文物保护工程特点，制定监理工作流程，监理工作流程要体现事前控制、主动控制和确保文物安全的要求。保护修缮工程实际情况发生变更，应依据设计部门的变更设计及相关批准文件为依据。

2. 所有用于工程的材料，必须有产品合格证和厂家提供的质检部门检测报告，经专业监理工程师审核批准后使用。对于重要的材料应按相关行业技术规范取样送检，必要时应由监理人员现场见证。专业监理工程师应对施工单位报送的拟进场施工材料、设备、构配件进行审核检验，合格后予以签认。

3. 要求施工单位提交重点保护部位、关键工序的施工工艺和确保工程质量的措施，经监理工程师审查后，报总监理工程师予以签认。施工期间监理机构应派监理人员实施记录旁站，并填写旁站记录。

4. 当施工单位对保护修缮工程采用新工艺、新技术、新设备与原批准的方案不符时，专业监理工程师应要求施工单位报送相应的施工工艺、措施和证明材料，经设计认可，总监理工程师批准，必要时需报经文物行政管理部门并组织专家论证，通过后方可在保护修缮工程中采用。

5. 监理人员发现施工中存在重大质量隐患，可能造成质量事故的应及时下达工程暂时停工令，并报实施单位确认，要求施工单位整改。整改完毕并经监理人员复核，认定符合规定要求后，总监理工程师应及时签署工程复工申请，并报告实施单位。

三、工程竣工验收阶段的质量监控

1. 工程施工全部结束，监理单位在接到施工单位自检合格报验申请后，由总监理工程师组织专业监理工程师及项目实施单位和施工单位，依照有关法律、法规、验收标准、技术规范、设计文件、施工合同，对保护修缮工程进行质量竣工预验收，并形成初验收纪要，各方会签。对存在的问题，要求施工方限期整改。

2. 项目监理机构应及时将竣工资料及工程质量评估报告提交至项目实施单位，协助项目实施单位组织保护修缮工程参与各方联合进行单位工程竣工验收。在单位工程验收合格基础上，协助项目实施单位向文物行政管理部门提出重点保护要求符合性验收申请，由文物行政管理部门召集专家，以及项目设计单位、施工单位和监理单位进行符合性验收。

3. 项目监理机构应参加工程竣工验收，并提供相关的监理资料及监理工作总结报告。工程验收合格后，工程竣工验收报告由项目验收组织机构起草，参加工程验收各方应在工程竣工验收报告上签字。

四、保修期阶段的质量监控

1. 保修期内出现质量问题，业主通知施工单位修缮，监理单位指派相应监理人员对修缮质量进行检查确认。

2. 监理人员还要对工程质量缺陷原因进行调查分析并明确责任归属，对非施工单位原因造成的工程质量缺陷，监理人员应核准工程量后报业主。

五、结合项目实践浅谈文物保护工程修缮施工质量监控要点

受业主的信任和委托，笔者率项目监理机构于 2018 年 5 月开始对衡复历史文化风貌区展示馆修缮工程实施监理。该工程坐落在上海市徐汇区复兴西路 62 号，原为修道院公寓，现为湖南街道办事处办公场所。该工程建于 20 世纪 30 年代，为西班牙式建筑风格，砖木结构，主体为二层（局部三层），修缮面积为 1190m^2。该工程于 1989 年 9 月 25 日被公布为上海市文物保护单位，也是上海市第一批优秀历史保护建筑。本次修缮主要包括屋面（屋面局部瓦楞不直，并有碎瓦和瓦片松动现象）、墙面（局部外墙面、勒脚和室内地面出现裂缝，内墙面及平顶粉刷面出现不同程度的裂缝和疏松、起壳及脱皮剥落）、门窗铁艺（门窗变形，五金铁件锈蚀损坏）、室内（木装饰面出现板缝开裂，油漆面起皮剥落）、水电（部分电气开关面板损坏残缺）5 个部分。

（一）屋面工程修缮质量监控措施及成效

1. 本工程屋面采用西班牙式筒瓦，屋架、屋面板修缮先将筒瓦拆卸落地，再对屋架、屋面进行检查，对凡是虫蛀、腐朽严重的，可能存在结构安全的屋架、屋面板进行修缮、更换，松动的部位重新固定牢固。经监理检查所用于屋架、屋面板的材料质量符合设计要求，经修缮后质量符合设计要求和规范要求。

2. 监理对筒瓦屋面防水材料的品种、规格、质量检查符合设计要求，且抽样送检合格。筒瓦屋面卷材搭接长度长边不小于 80mm，短边搭接长度不小于 150mm，靠近防火墙、山墙部位的卷材上翻高度符合设计规定，卷材施工质量要求符合规范规定，防水卷材固定的顺水压条的间距、牢固程度符合要求。

3. 屋面盖筒瓦前，将原底瓦、盖瓦表面有空洞、裂纹和缺角的瓦片分拣出来，并进行清洗、除尘；顺水条、挂瓦条分档均匀，铺钉平整、牢固；盖瓦时要求笼面平直，行列整齐，搭接紧密，檐口砂浆压实、平直；脊瓦搭盖正确、封固严密；屋脊和斜脊顺直，无起伏现象；泛水做法符合设计要求，顺直整齐、结合严密、无渗漏；筒瓦安装顺直、搭

接平服、出线砂浆粘结牢固；瓦片无裂缝、缺角，无倒泛水和阻塞现象，且按照规定将原瓦安装在可见的沿街大面，新瓦片安装在背后面。

4. 细部构造：天沟、斜沟、檐沟不积水、不倒泛水；檐沟坡度适宜，无逆水接头；焊接牢固，撑攀撑紧外沿口，托钩紧托檐沟底，间距均匀；天沟、檐沟的排水坡度，符合设计要求；天沟、檐沟、檐口、水落口、泛水、变形缝和伸出屋面管道的防水构造，符合设计要求。

（二）外墙工程修缮质量监控措施及成效

1. 外墙粉刷层裂缝、空鼓和墙面拉毛修补：对外墙粉刷层的裂缝、空鼓进行排查，并标上标志，用切割机对标志部位进行切割后再人工打凿、修补，修补砂浆的强度符合设计要求。修补时局部厚度大于 3.5cm 的用网格布加强，修缮后经检查，基层粉刷和面层粉刷的厚度和平整度符合规范要求。

2. 墙面拉毛：外墙面拉毛施工前先做三块不同的样品，经设计人员、专家现场确认签字，封样后再进行样品施工。修缮后经检查，外墙面拉毛施工，其毛头状基本与样品一致，分布均匀符合设计要求。

3. 外墙涂料：涂料施工前按照“样品先行”的方针先做了几块小样，待设计人员、专家进行确认后再进行材料进场，进场涂料的品种、型号、颜色和性能等符合设计要求，并抽样送检合格。涂饰工程的基层处理符合规范规定，涂刷涂料的颜色符合设计要求，涂料涂饰均匀、粘结牢固，无漏涂、透底、起皮和掉粉等现象。

4. 外墙雨水管修缮安装：将原外墙的雨水管和空调管全部拆除，按照设计要求调换成用 26 号镀锌铁皮加工的雨水管道，修缮后经检查雨水管道安装（包括雨水斗）符合设计要求和规范规定。雨水管安装抱箍间距均匀、安装牢固、承插方向正确、排水畅通，凿勒脚的水管下口有弯头，修缮后经检查符合设计和规范要求。

（三）门窗、铁艺工程修缮质量监控措施及成效

1. 钢窗、铁艺进行脱漆、打磨、除锈，对腐蚀、毁损的部位进行维修、更换（包括拉手、合页、插销等五金杆配件）；对开启、旋转不灵活的门窗部件进行加油处理和修缮，修缮后再刷漆；对窗户上已破损、丢失的玻璃进行更换。修缮后经检查，需要重点保护的五金配件施工时已进行包裹，未见损坏，缺失、损坏的五金配件已调换。

2. 对木门、门框、装饰条等腐烂、虫蛀严重的部位进行维修，更换腐朽部件，对缺损的零件（包括执手、合页、插销等五金杆配件）进行安装维修，维修完成后再批刮油漆腻子、打磨、找补、刷漆等。修缮后经检查，门窗修缮的质量符合设计和规范要求，油漆的颜色符合设计规定和规范要求。

（四）室内工程修缮质量监控措施及成效

1. 室内楼梯修缮：二层至三层是木楼梯，用钢筋铁艺做楼梯护栏、扶手，用于修缮楼梯踏步、踢脚线的材质要符合设计要求；对原松动、破损木楼梯的踏步板进行加固、修缮，对虫蛀、腐朽的踢脚板、踏步板进行更换；一层至二层是大楼梯，踏步面是红缸砖，侧面为马赛克装饰，对脱落、松动破损的红缸砖、马赛克用规格相同、颜色相近的材料进行修补、调换。经监理检查，室内楼梯修缮基本符合设计要求。

2. 墙面空鼓、板条墙、顶棚、花饰线脚、涂料修缮：对原墙面进行检查，对空鼓、起皮、脱落等部位进行铲除、清理、修复。铲除脱落、裂缝的墙面粉刷层，拆除、调换板条墙腐烂、蛀蚀的灰板条和墙内木筋（木格栅）并做白蚁防治；用原规格的木格栅、板条调换完成后，外加钢丝网水泥砂浆粉刷加固，白灰砂浆刮糙，纸筋灰罩面。铲除平顶粉刷，顶内局部白蚂蚁蛀蚀的木格栅已进行加固、替换，调换腐烂的板条，外加钢丝网片、水泥砂浆粉刷加固，用 18mm 厚 1∶1∶6 混合砂浆刮糙，纸筋灰罩面。

3. 装饰柱为历史原件，因经过装饰装修，多次涂刷油漆，现已局部起皮、油漆脱落，经设计人员多次考证和专家意见，恢复本来的原色调。花饰线脚是历史原物，因多次装修等种种原因，产生脱落、裂痕、氧化等损坏现象，未损坏的部位属于修缮的重点保护部位。线脚花饰由施工方按照现有的线脚花饰制作小样，经设计认可再完成施工。

4. 进场内墙涂料的品种、型号和性能符合设计要求，并抽样送检合格。墙面、顶棚涂饰工程的基层处理符合规范规定，涂料涂饰均匀、粘结牢固，无漏涂、透底、起皮和掉粉等现象。修缮后经检查，墙面空鼓、板条墙、顶棚、装饰柱、花饰线脚等修缮符合要求，涂料的涂饰质量符合设计和验收规范的规定。

5. 墙面饰面砖黏贴（卫生间）：饰面砖的品种、规格、颜色和性能符合设计要求。原墙面粉刷层清理符合要求，基层粉刷符合规范要求。饰面砖黏贴工程的找平、粘结和勾缝材料及施工方法

符合设计要求及国家现行产品标准和工程技术标准的规定；饰面砖黏贴牢固，黏贴后的饰面砖无空鼓、裂缝；饰面砖接缝平直、光滑，填嵌连续、密实；有排水要求的部位，流水坡向正确，坡度符合设计要求。

6. 地坪修缮：对原有损坏的木地板用同材质、同规格的木地板进行拆换，对局部开裂、塌陷、闷烂的木格栅进行修理、加固或替换，并进行白蚁防治。陶瓷马赛克地坪为历史原物，修理损坏、起壳的马赛克地面，对缺损的马赛克用同规格、颜色相近的进行修补。红缸砖为历史原物，修理损坏、起壳的红缸砖地面，对缺损的红缸砖用同规格、颜色相近的红缸砖进行修补。为防止施工时对木地板、马赛克地坪、红缸砖地坪产生新的损伤，施工时按照规定要求进行覆盖保护。修缮后经检查，木地板、马赛克地面和红缸砖地面修缮符合设计要求。

7. 室内壁炉修缮：壁炉为历史原物，因多次装修壁炉，其被多层涂料覆盖，经设计人员考证、出图，按照设计要求进行了原貌恢复。

8. 喷泉修缮：屋面两处喷泉是历史原物，因屋面经过多次维修，给水管道和排水管道已被封堵，其中一个喷泉的莲花状的喷水池已损坏，经过考证和与另一个对比，用混凝土浇筑成型，再经过加工、细研，做出莲花状。对水池的周围陶瓷花格用同规格、颜色相近的马赛克，修理损坏和起壳的马赛克饰面，恢复原来式样。

（五）水电安装工程修缮质量监控措施及成效

1. 照明线路修缮：所用电线的规格、型号符合设计要求，电线现场见证、抽样送检合格。电线明配导管排列整齐，固定间距均匀，箱盒位置正确，接口牢固密封，导管接地或接零可靠，从电箱至开关、插座，开关至灯具的电线符合设计要求。电线和线槽敷设穿线电压、电流等级相同，管内、槽内无接线头，电线绝缘层颜色选择一致，绝缘试验合格，相位检查正确。普通灯具安装固定牢固可靠，开关、插座、接线相序一致，暗插座紧贴墙面，安装牢固；开关通断位置一致，操作灵活，接触可靠，开关紧贴墙面，安装牢固。

2. 给水排水修缮安装：用于给水排水修缮的管道，其规格、型号符合设计要求，现场抽样送检合格。给水管道采用与管材相适应的管件，生活给水系统所涉及的材料达到饮用水卫生标准，给水管道安装横平竖直，给水管道试压符合质量验收规范的规定。管材用料、安装坡度、竖直、吊架、支墩、管道坐标、标高、离墙间距等符合设计要求及质量验收规范的规定；隐蔽或埋地的排水管道在隐蔽前均做灌水试验，试验结果符合质量验收规范的规定；卫生器具安装符合质量验收规范的规定，卫生器具做漏水和通水试验合格。

结语

作为本项目总监代表，笔者深感责任重大，要求项目监理机构人员在现场监理过程中，始终以“守法、诚信、公正、科学”为执业准则，坚持质量第一、以人为核心、预防为主的原则，认真、细致做好现场监理工作。在监理过程中始终督促施工单位严格遵守不改变文物原状的原则，全面地保存、延续文物的真实历史信息和价值，按照国际、国内公认的准则对文物本体及与之相关的历史、人文和自然环境进行修缮，从而最大限度地保护文物建筑的历史、科学和艺术价值，真正做到修旧如故的初衷。

最终，恢复历史文化风貌区展示馆保护修缮工程被评为第二届上海市建筑遗产保护利用示范项目，上海市文物保护工程行业协会为项目总监和总监代表颁发了相关荣誉证书。

参考文献和资料

[1]《文物保护工程管理办法》，中华人民共和国文化部令第 26 号发布。
[2] 古建筑保护工程施工监理规范：WW/T 0034—2012 [S]. 北京：文物出版社，2012.
[3] 古建筑木结构维护与加固技术标准：GB/T 50165—2020 [S]. 北京：中国建筑工业出版社，2020.
[4] 古建筑砖石结构维修与加固技术规范：GB/T 39056—2020 [S]. 北京：中国标准出版社，2020.

浅析全过程工程咨询模式下的装配式建筑项目咨询

蔚 梁
北京希达工程管理咨询有限公司

摘 要：本文对近5年相关文献进行了主题和关键词检索，采用文献综述法、案例分析法和归纳总结法，对装配式建筑项目实施全过程工程咨询的优势、难点进行了分析。现有研究多集中于装配式建筑或全过程工程咨询的单方面研究，本文将两者结合，分析全过程工程咨询模式下装配式建筑项目咨询的优势、难点及解决策略，并以某项目实践为例，探讨工程具体实施过程中的问题和管理经验，进一步提出管控重点和相关成果。

关键词：装配式建筑；全过程工程咨询；深化设计；驻厂监造；项目实践

引言

装配式建筑作为一种新型的建筑模式，通过工厂完成各个构件的生产加工，运输至施工现场进行装配连接，经过对设计、生产、施工等环节的组织衔接，使建筑项目施工过程更加环保、便捷、高效。而全过程工程咨询作为国家鼓励推行的服务模式，能够在满足业主需求，为业主大量减负的基础上对装配式建筑施工进行咨询管理。二者如何进行有效结合，有必要进行深入研究。本文旨在探讨全过程工程咨询模式下装配式建筑项目咨询的优势、难点及解决策略。通过对相关文献的综述和实际项目的分析，提出装配式建筑项目全过程咨询的思路和方法，以及提高装配式建筑项目咨询质量和效率的建议，以期为装配式建筑项目的咨询提供参考。

一、全过程咨询视角下装配式建筑的特点

2017年2月，《国务院办公厅关于促进建筑业持续健康发展的意见》（国办发〔2017〕19号）发布，提出要培育全过程工程咨询，鼓励建筑工程实施全过程工程咨询；文件同时指出装配式建筑原则上应采用工程总承包模式。此外，我国政府鼓励推广装配式建筑项目，在这样的背景下，装配式建筑的不断发展也决定了业主具有委托综合能力较强的第三方提供咨询服务的需求。装配式建筑与传统现浇建筑相比所具有的特点包括：①组织模式原则上采用总承包，这也是政府多项政策文件中提到的，这种模式可以一定程度减少业主合同管理的工作量；②施工方式、施工组织和建设流程发生变化，由现场现浇湿作业转变为工厂预制，生产环节由现场转到工厂，提高了专业化程度，组织管理的重点也涵盖构件生产、运输、安装等阶段；③参与单位、管理环节增多，增加了风险影响因素发生的可能性；④增加了预制构件质量管理环节，生产过程中的隐蔽工程施工质量控制对于构件的整体质量至关重要，是必须要严格控制的关键环节；⑤项目进度管控措施不同，因其影

响因素较多，需要对相关方做好统筹有力的协调管理；⑥成本影响因素不同，因增加了制作、运输、安装等影响环节，影响成本的因素也随之产生变化；⑦环节衔接紧密性较高，要根据项目总体进度要求，细化分配到每个环节，明确进度、质量等具体任务，相互做好衔接配合；⑧信息化要求高，需要参与各方及时在实施过程中做好信息资料的有效传递。从组织模式、建设流程、施工管理等不同角度体现出装配式建筑工程建设的各个环节都会对建设目标的完成产生影响，需要全过程工程咨询在各阶段均加以关注和控制。

二、装配式建筑项目实施全过程工程咨询的优势与难点

（一）装配式建筑项目采用全过程工程咨询的优势

服务模式、服务范围可根据需要灵活确定，最大限度地契合业主需求，服务周期贯穿项目建设全过程，能够有效提高整体管控水平。能够利用全过程工程咨询单位在各阶段的专业优势，加强预制构件设计、生产、施工的质量管理，确保项目建设进度。同时便于在项目建设全生命周期中对投资进行动态管理，及时采取有效的措施加以控制。并通过与BIM技术相结合，将装配式建筑的质量管控前置，尽早发现和解决问题，消除隐患，促使全过程工程咨询的价值得到更好的发挥。

（二）装配式建筑项目采用全过程工程咨询的难点

1. 政策制度与外部环境

目前缺少对装配式建筑全过程工程咨询服务有针对性的技术标准、组织模式、评价体系等指导性文件，以及具体制度和规划。

装配式建筑多采用分别委托咨询服务主体，导致各咨询服务主体间联系松散、信息沟通不畅，采用全过程工程咨询服务的成熟案例经验较少。而且，大型房地产企业多拥有自己的装配式建筑管理团队，对委托全过程工程咨询单位的需求较低。

2. 人才资源与思想观念

随着装配式建筑项目逐渐增多，很多企业都面临着缺少具备全过程咨询管理能力的复合型人才，难以达到全过程工程咨询的需求。多数建设单位或咨询单位仍保持着单一化咨询方式的观念，缺乏整体性、全局性的思想意识，需要向多元化咨询、委托一个全过程工程咨询团队的管理思想转变。

3. 信息化技术运用

在预制构件生产、现场安装过程等方面有严格的精度要求，对新技术与信息化手段的需求不断增加，而目前我国多数咨询企业信息化技术发展程度不高，影响了整体的全过程工程咨询服务质量及自身价值的实现。

4. 进度管理

招标采购、构件生产周期、设计变更、人员操作、现浇与预制混凝土结构施工衔接等都会对装配式建筑的实施进度产生一定影响。

作为主体结构的分项工程之一，装配式结构在整个项目的关键线路上，需要考虑招标投标、设计深化、厂家开模生产供货等阶段的时间周期，招标采购工作要尽量前置。装配式混凝土结构预制构件较多，如预制墙板、楼板、梁、楼梯等，这些构件的生产周期比较长，需要做好周密的与现场施工进度相匹配的生产供货计划，一旦构件生产供货发生延误，出现停工待料的情况，就会影响整个工程的进度。同时需要对设计变更加强控制，设计变更在工程实施过程中较为常见，设计图纸的变更也常常对施工进度造成一定影响。

装配式结构的安装需要技术人员的专业操作，而技术人员的短缺或技艺水平不足，以及现场施工过程中出现的施工组织不合理，会导致班组之间工作面交接不及时或交叉作业衔接不好的问题，也会对施工进度造成影响。

5. 质量管理

质量管理的重点内容包括设计深化质量、材料采购与生产质量管控、工人技术水平、施工现场管理和监管、设计和施工人员加强协同等。

装配式构件生产前，需要进行细致的设计深化，出具加工图，要认真全面地考虑构件与现场施工的衔接，各种管线、预埋件的数量、位置和方向，以及现场安装后是否方便后续施工等问题。设计深化阶段的管理是咨询单位的重点工作，设计深化没有做好，对后续现场施工的影响是长久的，而且可能出现很多变更拆改问题。

施工过程需要大量的构件，材料的质量直接影响整个结构的质量，在材料的采购与生产质量管控上需要非常严格，构件存在质量问题出现退场补发构件，也会同时影响施工进度。

装配式混凝土构件的生产制作需要有熟练的工艺和技术，但在实际操作中，由于工人技术水平不一，可能会出现结构质量问题，例如钢筋绑扎不到位、构件混凝土养护不到位、预留预埋安装偏位或遗漏等。安装施工过程中需要大型的机械和大量辅助设施进行吊装和固定，

施工现场环境复杂，加上施工周期短，质量和安全监督管理的难度较大。同时，在设计、制造、运输、安装和施工等环节需要设计师和施工人员加强协同，避免在施工过程中出现问题影响整个结构质量。

6. 造价管理

造价管理难点体现在规范性不强、现有经验和基础资料不足，以及人员素质问题。

当前国内缺乏统一的装配式混凝土结构造价管理规范，工程实践中的应用也缺乏标准范本，造价管理人员难以准确、全面、规范地开展工作。装配式混凝土结构属于新兴技术，预算人员经验较少，从而影响装配式混凝土结构的推广和发展。

装配式混凝土结构施工具有渐进性和学习性，一次工程实施成功后，对下一个工程的施工及造价管理都具有较强的指导作用。但在初次建设过程中，由于细节和工序的松散及不确定性，会直接导致造价计划和实施的不确定性。

由于装配式混凝土结构在建设施工中体现的是以高精工技术为核心，对工程主要采购管理人员的素质和技能要求非常高，人员素质不足，也会对造价管理造成一定程度上的影响。

三、项目实践

（一）项目概况

本项目全过程工程咨询服务范围包括工程设计咨询、工程监理、造价管理。项目总建筑面积约16万m^2，结构形式采用装配式剪力墙结构、装配整体式框架结构和现浇混凝土框架结构，预制率不低于40%，项目采用的预制构件有预制承重墙、整体预制非承重外围护墙（墙板、凸窗）、非免撑预制叠合板、预制叠合梁、免撑预制叠合板（PK板）及预制楼梯。

（二）设计管理

通过具体项目的咨询实践，笔者认为在装配式建筑的项目管理方面，设计管理是全过程工程咨询的重点工作之一，尤其要做好设计优化管理。装配式混凝土结构管理优化需要从设计阶段开始，注重每个环节的优化和精细化管理，从而提高结构质量、加快生产速度、降低成本和提高施工效率。认真做好设计方案、设计图纸的审核，及时发现设计中存在的问题，充分考虑施工阶段可能会出现的错、漏、碰、缺，提出有效的解决方案和意见，是为后续生产、施工奠定良好基础的前提条件。做好设计管理既能发挥全过程工程咨询的专业优势，又能提高工程施工效率。

在设计阶段，应该尽可能地采用标准化构件，以减少现场施工时间和人工误差。设计阶段的优化提高了施工效率，减少了人力和时间成本。尽量减少结构零件数量和构配件数量，简化结构节点形式和连接方式，提高结构的整体刚度和承载能力，减少构件安装和现浇结构钢筋绑扎出现的冲突问题，提高现场安装施工的便利性。相关文献均提到了采用以BIM技术为核心的信息管理平台，通过三维建模分析，改进结构设计，包括优化零件形状、改进连接和装配方式。

本项目设计咨询团队在限额设计和完成各项指标任务的前提下，对装配式深化设计提出改进意见，解决了若干PC构件安装时与现浇结构存在的冲突、预留、预埋等问题，大胆采用了钢管桁架预制板这一新工艺，减少了板厚，节省了造价。同时在结构、施工和功能上提出若干优化改进建议，为工程顺利施工提供了有利的前提条件。例如：增加凸窗防渗漏自防水混凝土反坎；针对较难安装的凸窗，改变结构锚固形式，采用接驳螺栓代替锚固钢筋，安装质量大幅提升；优化预制构件水电线管弯折数量，便于后期穿线施工；优化预制构件套筒布置方式，确保灌浆饱满度；优化拉杆和拉模孔布置位置，使其位置减少冲突；优化预制外墙预留锚固钢筋加工节点，减少锚固钢筋弯折次数，降低钢筋力学性能损耗，提高预制构件与现浇结构整体性及安全性。

（三）生产管理

在生产阶段，主要关注工艺控制和质量控制。目前在国家层面，《国务院办公厅转发住房城乡建设部关于完善质量保障体系提升建筑工程品质指导意见的通知》（国办函〔2019〕92号）就健全支撑体系，加强建材质量管理方面指出："鼓励企业建立装配式建筑部品部件生产和施工安装全过程质量控制体系，对装配式建筑部品部件实行驻厂监造制度。建立从生产到使用全过程的建材质量追溯机制，并将相关信息向社会公示。"而各地相关文件没有统一规定，很多地方没有明确必须要求在构件生产厂家驻厂监督生产。

预制构件生产时，受到混凝土配比、原材料质量、隐蔽工程质量、施工工艺、过程控制等因素的影响，预制构件会出现几何尺寸偏差、养护不到位开裂、观感质量差、预埋件位置不准、漏埋等质量缺陷。但是，预制构件进场验收时，有些已隐蔽的质量缺陷难以发现，实际施工时，常常因为构件进场验收时因质量不合格被退场，造成重新生产而延误工期。

笔者认为强制要求驻厂监造很有必要，可以有效控制构件生产过程和出厂质量，避免制造过程中的错误和缺陷，大大减少质量安全隐患，提高构件的制造质量和生产效率。如果建设单位在委托合同中没有要求驻厂监造，那么咨询单位要制定详细的构件质量监督细则，定期或不定期到厂家对各生产环节进行检查监督。

（四）施工管理

在施工阶段，主要关注施工质量和施工效率。全过程工程咨询单位应该要求和监督施工单位对施工过程进行计划和控制，确保施工的顺利进行和按时完成。同时，应该做好现场管理和安全管理，以保证施工质量和人员安全，科学合理地组织工序施工和各班组衔接配合，严格执行自检、交接检、专检，优化提高施工阶段的施工效率，降低人力和时间成本，同时提高施工质量。

装配式混凝土结构的施工要求严谨、误差小。需要注意控制的问题有：程序性问题，包括施工方案的编制、审查和交底；相关材料的取样复试；构件进场的验收和存放；吊装前应进行条件验收，签发吊装令；套筒灌浆前应签发灌浆令；防水节点注胶前，签发注胶令等。质量控制方面，安装时经常会出现构件钢筋与现浇结构钢筋冲突，工人为方便安装随意弯折钢筋的问题，以及安装位置、标高、垂直度不达标等，需要加强交底和过程巡视检查。构件安装完成后易发生的问题有：木工为方便拆模擅自拆除预制墙板斜撑；坐浆、灌浆时，拌制浆料配比不当，封仓不严，灌浆不饱满，这些都会影响装配式结构施工的质量、安全和进度。施工人员素质方面，装配式混凝土结构的施工需要操作技能娴熟、质量意识强的操作人员，否则可能出现操作不当，施工过程中未能及时发现纠正等情况。

结语

综上所述，随着管理和技术的不断发展，在装配式建筑项目中应用全过程工程咨询的方法和措施已逐渐获取了不少经验，但仍有很多待发掘和提高之处，通过不断地积累总结和强化，全过程工程咨询服务在装配式建筑项目的应用会更加成熟和完善，为后续全过程工程咨询服务项目提供借鉴。在未来的研究中，可以进一步探讨以下几个方面：

一是政策法规的完善：政府可以出台更加具体的政策法规，鼓励和支持装配式建筑项目采用全过程工程咨询服务模式，同时加强对咨询服务单位的监管和评价。

二是人才培养：加强对全过程工程咨询服务人才的培养，提高其专业素质和综合能力，以满足装配式建筑项目的需求。

三是信息化技术的应用：进一步推广和应用信息化技术，如BIM技术、物联网技术等，提高装配式建筑项目的管理效率和质量。

四是质量管理体系的建立：建立健全装配式建筑项目的质量管理体系，加强对预制构件生产、施工安装等环节的质量控制，推动驻厂建造的实施，确保项目质量。

五是风险评估和管理：加强对装配式建筑项目的风险评估和管理，制定相应的风险应对措施，降低项目风险。

总之，装配式建筑项目采用全过程工程咨询服务模式具有诸多优势，但也面临一些挑战。未来需要政府、企业和社会各方共同努力，以推动装配式建筑项目的健康发展。

参考文献

[1] 赵银实．浅析装配式建筑领域全过程工程咨询的应用[J]. 中国工程咨询，2022（8）：37–40.

[2] 许珊．BIM 技术在装配式建筑全过程工程咨询的研究[J]. 价值工程，2022，41（20）：108–110.

[3] 董春盈．全过程工程咨询在装配式建筑领域的应用与建议[J]. 四川水泥，2020（12）：187–188.

[4] 常莎莎，周景阳，何鹏旺．全过程工程咨询在装配式建筑领域的应用研究与建议[J]. 建筑经济，2020，41（S1）：23–28.

全过程工程咨询服务模式探析

冯云青
山西协诚建设工程项目管理有限公司

摘　要：近年来，建筑行业发展日益成熟，大型、超大型工程项目日渐增多，由于技术难度大、质量要求高，其全生命周期的项目管理难度增大，传统单一阶段独立的工程咨询服务显现局限性，将建筑项目各阶段的工程咨询服务整合后统一管理的全过程工程咨询，在项目管理和工程实践中备受推崇。本文主要阐述了建设项目全过程工程咨询服务的应用范围和服务内容，以及当下可能面临的问题及解决对策。

关键词：全过程工程咨询；全生命周期；复合型人才

全过程工程咨询服务是建设单位为保证工程达到预期效果，委托具备综合咨询服务能力的单位提供全生命周期的咨询和项目管理的一种新型的第三方组织模式，也可由具备规划、咨询、招标、勘察、设计、监理、造价、项目管理等满足项目需求的专业工程咨询单位联合实施，即结合建设单位需求和项目具体情况，将各生命周期阶段的传统工程咨询服务组合，在项目建设全生命周期内提供组合式的工程咨询服务。

目前，大型、超大型项目投资模式，如 BOT、BT、PPP、ABS 等的工程实践应用，传统工程咨询单一阶段、单一服务类型显然已不能满足全面组织协调管理及技术支持的需求。全过程工程咨询服务内容全面、全生命周期各阶段专业性分工明确且服务目标统一，其集约化、专业化、整体性和经济性的优势，可为项目从决策到运营期间各阶段提供优质工作方案和管理方法，降低项目风险，保障建设工程质量，提高项目整体的投资效益。

全过程工程咨询在国内尚属于新型第三方模式，起步较晚，尚未形成规模，与国际全过程工程咨询服务相比仍有差距，在具体执行过程中仍然存在一定困难和挑战，因此，在具体开展全过程工程咨询服务前期，应提前谋划准备，按照相关政策和既有法规及时采取对策解决问题，为委托方提供优质的全过程工程咨询服务。

一、全过程工程咨询的服务内容

全过程工程咨询服务是全过程项目管理团队根据建设单位委托要求和工程实际需要，为项目提供全生命周期内从决策至运营中的某几个阶段组合或者全过程工程咨询服务，主要包括提出解决方案和管理方法，在实施过程中通过咨询、协调、管理、监督等方式为参建方提供技术管理、组织管理、经济管理等多方面的支持（图 1）。

工程建设项目全生命周期全过程工程咨询服务内容主要有：

1. 决策阶段

投资机会研究、投资工程咨询、项目整体规划、项目建议及决策、环境影

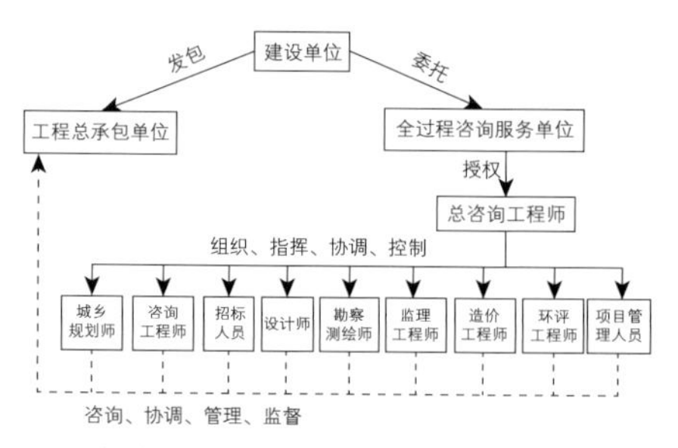

图1　全过程工程咨询示意图

响评价、节能及环保评估、可行性研究、安全评价、水土保持评价、交通影响评价、投资估算等。

2. 勘察设计阶段

勘察、初步设计、设计概算、设计方案经济比选与优化、施工图设计、施工图预算等。

3. 招标采购阶段

编制招标文件、发布招标公告、组织开标评标、合同条款策划、招标投标过程管理等。

4. 施工阶段

工程质量管控、造价管控、进度管控；安全管理、资料管理、信息管理及协调工作，以及变更索赔签证、合同争议处理、勘察及设计现场配合管理等。

5. 竣工验收阶段

竣工验收及移交、竣工资料管理与存档、竣工结算、竣工决算、质量缺陷期管理等。

6. 运营维护阶段

项目后评价、设备设施管理等。

二、全过程工程咨询的优势

1. 集约化

全过程工程咨询将传统各阶段独立的工程咨询服务，如规划咨询、勘察咨询、设计咨询、招标咨询、施工项目管理、工程监理、工程造价咨询、运营维护等阶段进行综合管理，通过阶段信息沟通及各流程紧密衔接，避免过程中出现脱节情形，实现项目从决策至运营维护过程中的各阶段高效集成管理，提高了项目全过程的整体把控度。

2. 专业化

传统工程咨询领域局限于规划、勘察、设计、招标投标、监理、造价等专业某一方面，而全过程工程咨询涉及项目建设全过程，要求专业化水平较高、综合协调管理能力强的复合型人才提供全过程工程咨询服务以获取有效的资源，高效地统筹管理项目，提前预判安全质量风险，弥补管理疏漏和缺陷，克服各专业之间和相关单位责任分离的矛盾。

3. 全局性

全过程工程咨询通过总咨询工程师综合协调和各阶段专业联合起来互相配合的优势，提高工程质量、缩短建设工期，并及时进行风险管控。在建设过程中，全过程工程咨询单位利用资源整合力量进行各专业资源的优势互补，在遇到问题时也能从全局利益出发，较大程度上避免了工作环节中推诿责任的情况，满足建设单位要求的同时促进各参与方利益平衡。

4. 经济性

与传统各阶段工程咨询相比，全过程工程咨询服务的建设单位仅需面对一家咨询服务单位（或者联合咨询的牵头单位），较大程度降低各阶段中相应专业咨询服务的招标投标经济成本和时间成本，优化了投资融资环境。

此外，全过程工程咨询在具体工程实践过程中，通过科学有效的技术措施和组织方法减少了建设过程中的额外损失，同时因为各阶段咨询衔接工作到位，避免了管控不当造成的追加投资的情形，提高投资效益的同时，也降低了工程成本。

三、全过程工程咨询面临的问题

1. 缺乏健全的管理组织体系

全过程工程咨询现有组织模式一般为单一专业的传统工程咨询单位通过转型升级形成全过程工程咨询模式，或者各传统咨询单位通过并购重组方式联合组成全过程工程咨询模式，这两种模式短期内发展较慢，主要受到各阶段业务专业熟练程度、管理模式、专业衔接处理和工作侧重点等诸多因素的影响，较短时间内难以达到较好的效果。

在工程建设前期的项目咨询服务的过程中，由于专业度不高、各个环节之间联系较少和对各个环节的整体化进程把控能力不足，可能出现业务脱节情形，较难形成系统化的管理组织体系，进而会对工程项目的顺利开展造成相对不利的影响，导致无法全面满足建设项目对全过程工程咨询业务的需求。

2. 政策配套不完善

由于当前全过程工程咨询发展尚处于初始起步阶段，政策规范也是根据当前行业发展实际情况发布试行和研究制定的，所以在全过程工程咨询实践中，责任主体在一定程度上缺少规范化约束，权责界限不明确，咨询服务过程中可能出现咨询、协调、管理、监督运行方法不规范等情况，引起全过程工程咨询单位与其建设单位、业务相关单位存在沟通不畅的问题，造成咨询服务未能达到预期效果。

3. 缺乏综合型的人才队伍

由于全过程工程咨询属于知识服务型，行业的核心资源是专业技术人员，跨专业的复合型专业技术人员是行业发展的重要资源。如果咨询人员素质参差不齐，会整体拉低人才队伍对外形象，导致对外认可度及权威性降低，而且在项目全生命周期全过程工程咨询过程中，招标投标、设计、监理、造价、施工等单一业务的专业人士，通常无法满足全过程工程咨询对复合型专业人才的要求。

四、全过程工程咨询面临问题的相应对策

1. 健全管理组织体系

建立全过程工程咨询组织管理体系要充分考虑组织结构形式、人员专业水平、业务衔接归口、综合管理和专业范围协调等多方面因素，由全过程工程咨询单位授权的总咨询工程师统一组织、指挥、协调、控制各项专业业务板块，单一业务咨询组织负责人应明确各自在全过程工程咨询活动中的管理职责，及时向总咨询工程师反馈，汇报在咨询、协调、管理、监督等方面的业务进展情况及需协调处理的问题，以便及时解决问题。

通过不断调整建立健全管理组织体系，笔者公司全过程工程咨询团队的整体管理能力和专业化水平得到提升，优化了咨询工作流程和工作间的衔接处理，提高了各参建方的参与程度，实现了全生命周期中各业务板块的信息互通，充分发挥出各业务的专业优势，促使项目整体效益最大化，达到建设单位要求。

2. 健全法律法规

2017年，住房和城乡建设部印发《住房城乡建设部关于开展全过程工程咨询试点工作的通知》（建市〔2017〕101号），并牵头部分省（市）及相关企业开展试点并制定完善文件。2019年，住房和城乡建设部与国家发展改革委联合印发《关于推进全过程工程咨询服务发展的指导意见》（发改投资规〔2019〕515号），从重点培育全过程工程咨询、鼓励多形式全过程工程咨询市场化、优化全过程工程咨询发展环境等方面提出一系列政策措施；该文件聚焦投资决策和工程建设实施两个方面，明确了全过程工程咨询服务内容、开展全过程工程咨询服务活动要求，以及全过程工程咨询取费等内容，指导各地遵循项目具体情况和建设程序要求，提升全过程工程咨询标准化和规范化水平，让全过程工程咨询获得良性发展。

由此可见，全过程工程咨询相关政策正日趋完善，现有法律法规已经建立的信用体系、服务管理体系、企业资质和人员资格体系等条文，对全过程工程咨询实践给予了相对实用的指导。随着全过程工程咨询模式的发展和实践应用，配套的法律法规也将得到进一步的完善和细化。

3. 加快培养复合型人才

咨询企业的核心竞争力是人才。复合型人才是工程咨询行业发展重要的资源。在开展日常工作时，咨询企业应着力加强后备人才的培养，积极开展全过程工程咨询所需的专业知识培训，并发挥专业优势，不断拓展专业范围，加强现场实践，对具备一定工程管理经验和技术能力的人员进行提升指导，丰富其工程经验，提高人员综合协调处理问题能力，打造与建筑行业发展相适应的复合型咨询管理人才。

全过程工程咨询应授权取得工程建设类注册执业资格，且具有工程类、工程经济类高级职称和相关工程咨询经验者作为全过程工程咨询的项目负责人；应该配备具备实践经验的注册建筑师、注册结构工程师、勘察设计相关专业注册工程师、注册咨询（投资）工程师、环境影响评价工程师、监理工程师、造价工程师等相关从业人员作为咨询过程的专业负责人。

结语

全过程工程咨询模式是项目高质量建设的需求，实现了一站式咨询服务，比传统工程咨询服务内容多、范围大，在提升项目投资决策水平、提升项目投资效益、缩短工程建设工期、促进产业转型升级、推动经济可持续发展等方面具有较大优势，同时，全过程工程咨询作为新型第三方模式，在具体工程实践中仍需要政府部门、建设单位、咨询单位积极联动，才能保证全过程工程咨询模式良性运作，进而不断推进建筑行业向高质量、高效、标准化、规范化的方向发展。

浅谈大跨度、大空间拱形钢桁架监理质量控制要点

李旭阳　杨少杰
河北中原工程项目管理有限公司

摘　要：大跨度、大空间拱形钢桁架结构在建筑施工中因其跨度大、单构件重量大、拼装精度高等特点，其安装技术一直显得至关重要。监理部结合某项目现场实际施工情况，总结出一套符合该项目施工特点的大跨度钢桁架的拼装焊接控制要点。

关键词：钢桁架；拼装施工；焊接施工；监理质量控制要点

引言

近年来我国经济蓬勃发展，各式各样结构复杂、跨度超长的钢结构项目越来越多，尤其是在市政公建项目中此类结构得到了广泛应用。钢结构形式多样、简洁、造型美观、施工工期短等特点越来越受到建设方的喜爱，钢桁架作为此结构类型之一，其拼装焊接质量控制成为重要的监理工作内容。

一、项目概况

某新建项目建设内容为：体育馆一座，地上建筑面积15889.77m²，游泳馆一座，地上建筑面积7767.9m²，架空走道641m²。地下停车场及设备用房18429.84m²。体育馆钢桁架最高处标高25.1m，游泳馆钢桁架最高处标高21.6m，主体是混凝土框架结构，屋面是钢桁架结构。

体育馆、游泳馆屋面为钢桁架结构。南北方向均为主桁架，东西方向为次桁架，体育馆工程共12榀主桁架、5榀次桁架，游泳馆工程共8榀主桁架、6榀次桁架，主桁架两侧采用次桁架相互连接组成一个椭圆形空间稳定结构，本项目桁架均为倒三角形状，主、次桁架采用相贯焊接方式进行连接。两馆主桁架最大长度为92.182m，主桁架最小长度度为48.354m，钢桁架最高处标高25.1m。

二、施工前监理控制要点

（一）深化设计图纸的审核

钢结构图纸一般由钢结构制作单位或原设计单位进行二次深化设计，监理单位应对其二次深化设计图纸进行审核，认真核对是否存在原图纸设计内容，如涉及内容修改，应取得原设计单位同意，并办理相关设计变更文件。

（二）图纸会审和设计交底

监理人员审查设计图纸，应先粗后细、先全面后局部、先一般后特殊，审查内容一般包括：①设计文件是否完整、是否与图纸目录一致、设计图纸与设计说明是否齐全；②图纸中抗震设计强度是否与当地实情相符；③防火、消防能否满足要求；④施工图中的几何尺寸、平面位置、标高、轴线等是否与结构图纸相符；⑤审查错、漏、碰情况；⑥图纸的图号、图签是否齐全、正确，各个材料的尺寸，以及具体详图、节点图是否明确了施工做法；⑦图纸中选用的材料是否能满足工程需要，当地市场是否便于采购，如采购困难，是否有替代材料；⑧如本工程施工采用了新材料、新工艺，首先应考虑现场应用是否可行，其次应考虑有无对技术参数进行明确，施工的技术标准、质量要求是否标注明确、清晰；⑨设计图纸是否存在与其他专业矛盾的设计内容，或无法施工的设

计做法，或进行本工序施工易导致出现质量与安全隐患的内容；⑩施工图纸中采用的规范、标准图集是否是最新版本、是否与本工程相关，标准、图纸编写是否充分，找出本工程施工中存在的重点、难点，与设计人员进行沟通，了解木工程特点以及充分理解设计意图。

（三）专项施工方案编制与审核

本项目要求钢结构承包商或总包单位应在钢结构工程实施前，提供一份详细的专项施工方案，公司监理人员应审查其中是否详细规定了所有计划进行的制作安装程序、方法，以及工程制作安装中的对外验收项目。如施工周期长，温度变化较大，施工方案中则应特别说明温度和施工误差对钢结构施工质量的影响。

本项目主桁架跨度最小为48.354m，最长跨度为92.182m，根据《住房城乡建设部办公厅关于实施〈危险性较大的分部分项工程安全管理规定〉有关问题的通知》（建办质〔2018〕31号）显示，跨度36m及以上的钢结构安装工程，或跨度60m及以上的网架和索膜结构安装工程属于超过一定规模的危险性较大的分部分项工程（以下简称“危大工程”），故本项目需要针对钢桁架工程编制超过一定规模的危大工程专项施工方案并组织专家论证。监理单位审核专项施工方案并参加专家论证是一项重要的工作，其主要目的是确保工程施工的安全可行性，以下是针对专项施工方案内容审核的一些要点：①是否提前识别潜在风险因素，并对以上风险因素进行充分考虑，以采取相应的措施来降低风险；②在审核专项施工方案的过程中，需要对专项施工方案内容进行评估和比较类似施工方案，是否可以进一步优化施工方案，提高施工效率，保证施工质量；③专项施工方案计算书和验算依据、施工图是否符合有关标准规范；④专项施工方案内容是否完整、可行；⑤专项施工方案是否满足现场实际情况，并能够确保施工安全。

（四）分包单位资格审查

①审查分包单位资格报审资料，审查营业执照、资质证书、安全生产许可证等相关资料，营业执照主要查看其经营范围是否包含分包专业内容；资质证书要重点审查其资质类别及等级是否满足分包要求，以及证书是否在有效期内；安全生产许可证需重点查看其许可范围及有效期。②分包单位资格报审中应包含分包单位业绩，以证明分包单位具有施工此类项目的施工能力。③分包单位专职管理人员和特种作业人员的资格证书，必须含有符合施工要求的技术人员，特种作业人员必须是持证上岗。④这些管理制度是为了加强总包单位对专业分包队伍的管理，使分包单位能满足现场专业施工的要求，以确保整个工程质量和进度。

（五）施工单位的技术交底和安全交底

施工技术交底中应明确施工范围，在施工中投入的人力、物力，施工的工艺、方法、步骤、关键点的处理等，同时明确质量目标，安全防护措施等。施工前，检查施工班组是否按照技术方案与交底中的要求进行了施工前的准备，包括必要的材料、工具、防护用品是否配备整齐。

安全技术交底应明确本工程施工过程中存在的高危风险部位，针对易发生安全事故的施工工序注明具体预防措施、应注意的安全事项，和相应的安全规程标准，以及出现安全事故后应采取的避难和急救措施。现场所有的施工作业人员必须交底到位，使每一个作业人员做到四个明确：明确施工程序、操作方法；明确施工中的主要危险因素；明确应遵守的安全技术规程和采取的防护措施；明确自己的安全职责和有关的应急方法。还要查看签字手续，严禁他人代签，防止事故发生后互相扯皮责任不清。

（六）第三方试验室的选定

审查拟选用试验室资格是否符合工程需要，根据见证取样专项施工方案内容，对试验室可检测项目进行核对，复核其是否满足本项目复检项目的需求，其中本项目需进行复检的项目有：钢结构原材料检测、焊条焊丝复检、焊接工艺评定、焊缝无损探伤、高强度大六角头螺栓连接副的预应力检测，高强度螺栓连接摩擦面的抗滑移系数检测，防火材料的防火性能检测等。

三、施工工艺流程及监理控制要点

（一）施工工艺流程

施工工艺流程如图1所示。

（二）原材料的质量控制

本项目杆件截面圆钢管直径（mm）×壁厚（mm）分别为：121×6、140×6、180×8、219×10、245×10、273×10、299×12、351×12、377×14、377×16、402×14、402×16、450×16、450×20、480×16、480×22、530×16、530×22、560×20、560×25，钢桁架的原材料质量直接决定了最终成品的使用质量，为保障后续钢桁架的整体施工

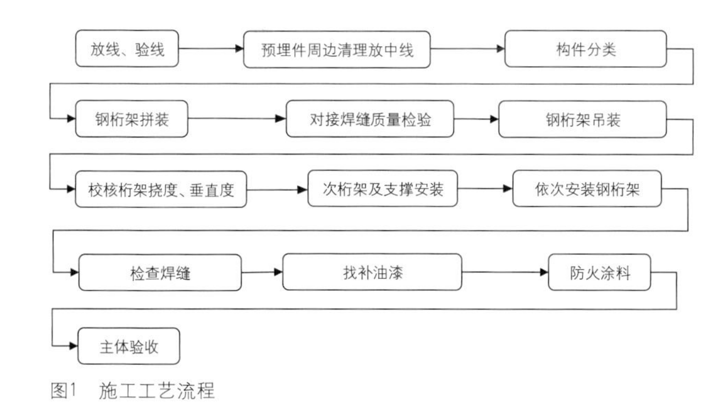

图1 施工工艺流程

质量，应根据相应规范的规定进行复检。

监理质量控制要点：①对杆件原材料进行外观检验、存放、标识、复检、验收等环节的监督，并审核材料供应商的资质和产品质量证明文件；②对杆件原材料、焊接材料进行见证取样送检，送至第三方试验室进行材料质量复检，查看其复检报告内容，合格后方可进行原材料杆件加工。

（三）钢桁架管件加工

因钢桁架结构受体积大、运输超高超宽等影响。本项目管件加工采用在加工厂加工成散件，然后把管件运输至现场指定位置进行拼装的施工方式。这就要求加工厂在使用数控相贯线切割机下料时，精准控制管件的坡口、贯口、长度等参数，保证圆管贯口切割坡口成型光滑，方便施工拼焊作业。大构件采用大型卷管机控制卷管弯弧制作精度，以达到对管件进行精准加工的目的。

1. 焊接工艺评定：本项目采用的是等强焊接，主管焊缝质量等级为一级，腹杆焊缝质量等级为二级。钢桁架拼装施工前，组织现场具备焊接专业资质的焊工进行原材料试件焊接，并把试件送至第三方试验室进行焊接工艺评定试验，在焊接工艺评定报告内容显示合格的情况下，根据焊接工艺评定报告中的数据确定相应焊接工艺参数，由持证电焊工进行焊接作业，焊接结束后，焊缝应圆滑饱满，余高满足要求。

2. 起拱量：钢桁架加工厂应提前考虑钢材起拱后的反弹量，以及运输过程中可能对管材挠度的影响，灵活加大深化设计图纸设计的起拱度。当设计未要求起拱时，建议增大起拱量 10mm；当设计要求起拱时，建议增大起拱量为钢桁架总长度的 1/5000，并在加工厂进行预拼装，测量拼装完成后钢桁架的挠度大小，以便确认后续管材加工起拱度的大小，直至起拱度符合设计图纸要求。

3. 钢桁架管材加工长度：钢结构管材，尤其是大跨度钢桁架拼装，需考虑钢管材料热胀冷缩因素，在同一环境温度条件下进行钢桁架施工。本项目采用的是现场拼装的施工方式，故对管材加工的精准度要求就会大大增加，总体长度超出规范要求范围必须要求加工厂重新加工。总体管材长度加工时应留意主管件焊缝间隙的大小，一般预留缝隙宽度为 3~5mm，焊缝的数量应计算进整体桁架的尺寸中。

监理质量控制要点：①一榀钢桁架所使用的杆件数量繁多且量大，要求加工厂根据图纸对杆件进行逐一加盖钢印或喷涂编号在杆件上，方便进场验收及工人拼装使用；②本项目主管经加工后均带有一定弧度，在进行杆件进场验收时，对带有弧度的杆件应着重检查其圆度；③因本项目主管是拼装焊接而成，细微的对接角度偏差将影响整体桁架的起拱高度以及施工质量，故须要求加工厂对每节杆件的上下弦、第几节，每端对接第几节，以及对接角度进行标记，以免错误使用。

（四）管件进场及拼装

预拼装分为加工厂内预拼装和现场预拼装两个阶段。加工厂预拼装阶段：在完成首次预拼装后，应认真复核各项尺寸，管件相贯线是否合适，管件中心线是否相交于一点，起拱高度是否符合图纸设计要求，考虑运输过程中会出现形变，最好达到规范允许上限。场内预拼装完成并检查合格后，对桁架所有杆件逐一进行标记，标记内容必须包括相邻杆件标号、对接角度、本杆件标号及安装位置。

本项目主桁架跨度均在 40m 以上，最长跨度可达 92.182m，上弦主管间距均在 2.5m 以上，考虑到体积过大及运输过程中易发现不可控形变等因素，决定采用在加工厂对管件进行加工至散件，再运输至现场拼装施工的方式。同时，本工程桁架拼装构件多数为圆管，造型为具有 1m 以上起拱的倒三角形状，为了能够在预拼装完成后进行细部调整钢桁架个别管件的位置，现场设置了具备微调装置的专用胎架，拼装过程中使用全站仪、水平仪对管件位置进行实时监控，做到发现问题随时整改，以保证现场安装精度。

钢桁架胎架采用立体式钢架，管材之间采用等强焊接拼装，完美模拟吊装完成后的钢桁架受力情况，如图 2、图 3 所示。

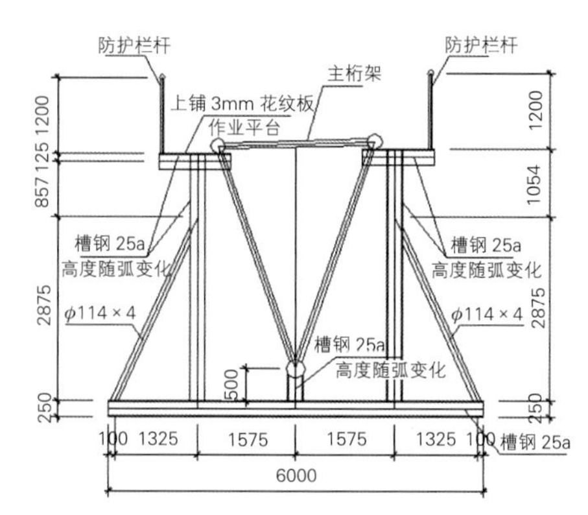

图2　胎架断面图

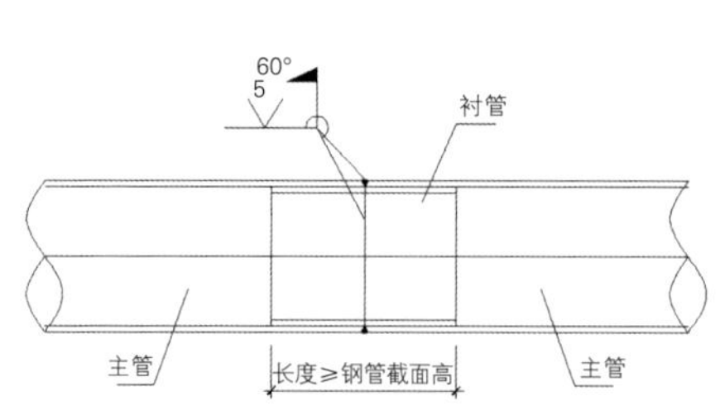

图3　弦杆等强拼接示意图

本项目拼装顺序为先行预拼装，主管及腹杆进行点焊，由监理单位对其主管弧度、腹杆定位等进行验收合格后方可进入下一道满焊工序。

监理质量控制要点：①加工厂加工管材之前，先行要求施工单位对使用的原材料进行取样送检，监理单位进行见证，待检测合格后方可允许加工厂对管材进行加工。②钢构件进场验收，应严格落实三检制，分别为出场验收、进场总包单位验收，以及监理单位最终验收。③监理单位进行进场验收时，应对照图纸管件编号逐一验收，查看其壁厚、坡口等是否加工到位，避免存在质量问题的构件进入拼装流程，影响拼装进度。④为保证施工进度，缩短因管件不合格导致退场影响工期，可由监理驻厂监造验收，做好每批次的验收记录。⑤对钢桁架主管和腹杆位置定位的验收尤为重要，主管采用双向定位，竖向距离使用水准仪进行标高测量，并计算其高差，横向间距采用吊坠盒尺进行测量，与图纸数据进行对比。

（五）杆件的焊接

钢桁架主管及腹杆的壁厚分布为8~25mm，现场焊接采取开坡口加衬管的形式，坡口角度为45° 的等强全熔透焊缝，主管焊缝质量等级为一级，腹杆焊缝质量等级为二级，现场桁架结构连接节点全部是相贯焊接，焊接量大。本项目采用多层多道焊的方式进行，焊接结束后由具备相关检测资质的检测单位进行内部缺陷探伤和焊缝外观检查。若有不合格焊缝应立即组织作业人员进行返修直至合格，但同一位置缺陷返修不得超过两次，同时屋顶桁架安装属于高空作业，焊接难度大对焊工焊接水平要求高。故采用以下措施进行施工：

1. 桁架尽量在地面拼装，整段安装，减小高空焊接量。

2. 高空焊接搭设防风罩，保证焊工焊接安全。

3. 焊工必须持证上岗，严格按照焊接工艺评定要求焊接。

4. 钢管对接时要求完全熔透焊，并通过无损探伤后方可进行下道工序。

监理质量控制要点：①钢管桁架结构相贯节点焊缝的坡口角度、间隙、钝边尺寸及焊脚尺寸应满足设计要求。当设计无要求时，应符合现行国家标准《钢结构焊接规范》GB 50661—2011 的规定。②钢管对接焊缝的质量等级应满足设计要求。当设计无要求时，应符合现行国家标准《钢结构焊接规范》GB 50661—2011 的规定。③钢管对接焊缝或沿截面围焊焊缝构造应满足设计要求。当设计无要求时，对于壁厚小于或等于 6mm 的钢管，宜用 I 形坡口全周长加垫板单面全焊透焊缝；对于壁厚大于 6mm 的钢管，宜用 V 形坡口全周长加垫板单面全焊透焊缝。④钢管结构中相互搭接支管的焊接顺序和隐蔽焊缝的焊接方法应满足设计要求。⑤杆件焊接的焊缝应圆滑饱满，焊缝余高满足规范要求，在焊接区域冷却后应将焊缝两边各 100mm 区域打磨清理干净，认真除去飞溅与焊渣，并认真采用量规等器具对外观几何尺寸进行检查，不得有低凹、焊瘤、咬边、气孔、未熔合、裂纹等缺陷存在，一级焊缝要求达到二级外观，二级焊缝要求达到三级外观，二级、三级焊缝外观质量要求如表 1 所示。

四、验收阶段的质量控制

在单榀钢桁架施工完成后，监理人员应及时组织对钢桁架的质量进行评估和验收；验收过程中，严格按照质量标准和技术规范进行，对发现的质量问题要求施工单位及时整改，不能因为施工过程中对其管件位置或轴线预验收而简化验收步骤，同时做好验收记录，确保工程质量的可追溯性。质量控制是工程监理工作的重要环节，监理人员应始终保持严谨的工作态度，通过不断加强自身的技能和专业知识，为建设高质量工程发挥关键作用。

结语

大跨度、大空间拱形钢桁架拼装过

焊缝外观质量要求 表 1

检验项目	一级	二级	三级
裂纹	不允许		
未焊满	不允许	≤ 0.2mm+0.02t 且≤ 1mm，每 100mm 长度焊缝内未焊满累积长度≤ 25mm	≤ 0.2mm+0.04t 且≤ 2mm，每 100mm 长度焊缝内未焊满累积长度≤ 25mm
根部收缩	不允许	≤ 0.2mm+0.02t 且≤ 1mm，长度不限	≤ 0.2mm+0.04t 且≤ 2mm，长度不限
咬边	不允许	深度≤ 0.05t 且≤ 0.5mm，连续长度≤ 100mm，且焊缝两侧咬边总长≤ 10% 焊缝全长	深度≤ 0.1t 且≤ 1mm，长度不限
电弧擦伤	不允许		允许存在个别电弧擦伤
接头不良	不允许	缺口深度≤ 0.05t 且≤ 0.05mm，每 1000mm 长度焊缝内不得超过 1 处	缺口深度≤ 0.1t 且≤ 1mm，每 1000mm 长度焊缝内不得超过 1 处
表面气孔	不允许		每 50mm 焊缝长度内允许存在直径＜ 0.4t 且≤ 3mm 的气孔 2 个，孔距应≥ 6 倍孔径
表面夹渣	不允许		深≤ 0.2t，长≤ 0.5t 且≤ 20mm

注：t 为母材厚度，单位为 mm。

程中，整体质量控制的关键还是在于现场科学规范的管理及施工的精准度。总的来说，钢桁架质量控制的要求在于严格把控每一个环节，确保每一个细节都符合质量要求，从而保证钢桁架的整体质量，本文重点总结和讨论了大跨度、大空间拱形钢桁架结构拼装施工的监理工作控制要点，希望能对各位监理同仁提供一定的参考。

参考文献和资料

[1] 钢结构工程施工质量验收标准：GB 50205—2020 [S]. 北京：中国计划出版社，2020.
[2] 钢结构焊接规范：GB 50661—2011[S]. 北京：中国建筑工业出版社，2011.
[3] 住房城乡建设部办公厅关于实施《危险性较大的分部分项工程安全管理规定》有关问题的通知（建办质〔2018〕31 号）。
[4] 董子华，席丽雯．工程监理 22 项基本工作一本通 [M]. 北京：化学工业出版社，2014.

“美丽家园”修缮工程安全文明施工的监理措施要点

朱刚卉
上海东方工程管理监理有限公司

“美丽家园”修缮工程的施工内容主要是小区内建筑物屋面、外墙、楼梯等公共部位维修、道路、绿化、环境及停车配套设施改造建设等，以及有条件的楼栋加装电梯和公共服务设施配套建设的智慧化改造。“美丽家园”修缮工程施工期间，居民不搬迁，施工的临时设施空间制约严重，特别在中心城区 2000 年前的老旧小区内空地小，难免有施工扰民和民扰施工的情况。作为工程的参建单位，“美丽家园”修缮工程的项目监理机构工作重点就是对安全文明生产的监督，满足各级政府和居民共同关注的要求。

一、明确“美丽家园”修缮工程中的安全生产监督职责

1. 首先提高政治站位。深入学习、贯彻习近平总书记关于安全生产重要论述、重要指示批示精神，全面落实省、市政府关于安全生产的工作要求和部署，保障“美丽家园”修缮工程安全生产平稳有序。

2. 树牢安全发展理念，牢牢守住底线。始终以“时时放心不下”的责任感，及时消除建设工程中的安全风险隐患，减少对居民群众居住生活造成的不良影响。

3. 明确安全生产职责。监理单位对施工现场安全生产承担监督责任，实施单位全面负责“美丽家园”修缮工程的施工现场安全生产协调管理工作，施工单位对施工现场安全生产总负责。各企业负责人、项目负责人严格检查、督促制度和措施的落实。

4. 压实参建单位安全生产责任。各参建单位要扛起保安全、护稳定的政治责任，克服麻痹思想，坚决遏制安全生产事故的发生。全面落实企业主体责任，建立健全安全生产机制，牢固树立风险防控意识，认真履行工作职责，扎实推进安全措施落地。在部署现场生产工作任务的同时，同步部署安全工作，明确安全工作要求。

二、项目监理机构积极做好自身和被监理方的安全预防措施

1. 项目监理机构认真进行自身的安全教育交底工作，编制施工安全监督方案，落实现场的安全监理负责人和安全监理员，确定必须旁站监理的分部分项工程和点位，做好日常巡视检查工作，强化风险隐患的排查和督促整改。

2. 项目监理机构督促施工单位及时编制安全施工方案，要求其列出危险性较大的分部分项工程和危险源；在极端高温和低温、雨雪和冰冻等灾害性天气时期及岁末年初，春节、国庆、中秋等节假日，制定有针对性的专项应急预案；备足应急抢险物资、装备，开展应急演练和评估，提升抢险队伍的应急处置能力，确保在关键时刻能及时启动应急预案。

三、项目监理机构安全文明施工监理的措施内容

1. 审核施工单位的施工组织方案及有关专项方案，编制监理细则。相关的分部分项工程及有关工作的监理细则有：施工质量控制（含屋面、墙面、地下管线、道路施工）、钢管脚手架搭设和拆除、施工现场临时用电、危险性较大的分部分项工程（如吊篮）、旁站、垂直运输、安全文明施工[含高处作业、沟槽开挖及地下管线保护、防暑降温、环境保护、施工现场防汛防台和消防工作及演练方案、施工事故的应急预案（如高坠事故、触电）]等。

2. 项目监理机构认真参加施工安全隐患排查。在实施单位的牵头下，项目监理机构聚焦施工单位的各项安全工作，配合施工单位的自查自纠工作，遏制安全隐患苗头，特别是人员高处坠落、火

灾、脚手架坍塌、地下管线（电力、供水和燃气等）破坏等事故。坚持问题导向、需求导向、目标导向、效果导向相结合，注重排查整治工作实效。

四、“美丽家园”修缮工程安全施工监督的主要工作

1. 脚手架搭设的监督。监督脚手架搭设是“美丽家园”建设工程的工作重点，应注意：

①脚手架应按照专项方案进行搭拆。

②立杆和剪刀撑遇到障碍物无法落地时，应对架体采取加固措施。

③采用金属网脚手板进行铺满、铺稳，不得使用易燃材料。

④脚手架搭设前应对架空电缆线采取外包绝缘材料的保护措施。

⑤脚手架离墙距离大于15cm时，应采用张挂网罩的防坠隔离措施。

⑥脚手架两端、转角处必须封闭，不得开口；连墙件的设置与架体同步进行；连墙件应与立杆连接，特别是顶排连墙件；连墙件的水平、竖向间距不得超过3跨（开口型、一字形两端应每步设置连墙件，垂直间距不大于4m）；连墙件设置在圈梁、柱等处；在架体转角处、端部应增设连墙件。

⑦脚手架搭设至第二步时完成接地装置，接地电阻不大于4Ω，且接地装置标牌注明电阻值。

⑧脚手架架体四周用硬安全栅栏隔离，并安装防护门，禁止居民等非施工人员进入。

⑨单元门洞和沿街处搭设双层防护棚，两层间隔70~80cm，采用阻燃性隔板。

⑩脚手架顶排围护网绑扎牢固，围护网高度应高出坡屋面檐口1.5m或平屋面檐口1.2m。

⑪脚手架搭设过程中分段验收，验收合格后才能使用。

2. 吊篮作业的监督。在外墙使用吊篮作业时，应注意：

①吊篮应按照专项方案有专业人员进行搭拆；②楼顶的吊篮U形扣应扣在主绳上；③检查吊篮配重，钢丝绳和生命绳的设置应符合规定，吊篮安全装置防坠安全锁是否齐全有效；④一台吊篮内只能有2名操作人员，操作人员必须佩戴安全帽、安全带及安全绳；⑤吊篮不得作为材料的垂直运输工具。

3. 有关高处作业的监督应注意：

①脚手架的顶排外侧应采用密目式安全网封闭；②上屋面人梯架应绑定；③脚手架上不得悬挂捯链吊运建材；④坡屋面作业时，施工人员应佩戴安全带，并将其高挂脚手架的顶排硬围护处。

4. 有关临时用电的监督应注意：

①临电方案须有电气工程师编制；②电工持证上岗，并经过安全技术交底；③配电箱采取“三相五线制、三级配电、二级保护”，每天检查电箱；④电动工具必须经过“一机、一箱、一闸、一漏”的电箱，严禁使用民用接线板；⑤电动机械金属外壳应重复接地；⑥电动工具不准使用倒顺开关；⑦电线尽可能架空，脚手架上电缆与脚手架搭设同步绝缘包扎。

5. 防台防汛工作的监督。监督检查应急物资资源是否备齐，台风来临时人员撤离安置点是否落实，并要求及时开展应急演练。

6. 地下管线保护工作的监督。请电力、供水、燃气等单位到施工单位项目管理机构做技术交底；制定地下管线的保护方案；路面及管线开挖时，监理旁站监督。

7. 有关施工消防安全工作的监督应注意：

①现场设置微型消防站，配置消防器材（砂、铁铲、灭火器、水龙带等）；②及时开展消防演练，留存影像资料；③电焊工持证上岗，动火作业须开动火证，动火作业现场放置灭火器并有专人看护；④木工作业处应设置灭火器；⑤仓库和宿舍内不准使用大功率电器；⑥工地食堂不准使用液化石油气罐；⑦在休息区设置吸烟点，不准在施工现场（特别在楼顶和楼内）吸烟；⑧油漆、稀释剂等危险品集中在仓库内放置；⑨脚手架上的灭火器，按每100m^2不少于一组（2只x10L）的标准配置，灭火器与脚手架同步设置，实行每日防火巡查；⑩安全密目网应进行防火检测。

8. 检查移动吊车的年检合格证，注意年检合格证是否在有效期内。

五、“美丽家园”修缮工程文明施工监督的主要工作

做好文明施工监督的目的是达到施工不扰居民、居民不扰施工。

（一）场容场貌要点

1. 施工铭牌（图）设置

施工单位应当在施工现场出入口或醒目位置设置铭牌。铭牌内容应包括工程名称、施工平面布置图、管理人员名单、安全生产责任制等内容。并悬挂安全警示牌，列出施工危险源和重点。

2. “三统一”要求

施工企业按照相关规定，统一佩戴

安全帽，施工人员上岗统一着装，管理人员统一佩戴标有单位、姓名、职务和证件照的胸卡。

3. 脚手架设置

1）脚手架首层危险区域应设置围挡围栏。

2）脚手架首层外排立杆应当涂装规定颜色的警示漆；根据脚手架类型均匀布置固定在立杆内侧 $H \geqslant 180$mm 的挡脚板，挡脚板涂 45° 倾斜的相间警示色。

3）外立面紧邻人行道或者车行道的，施工单位应当设置防护棚，杆件涂黄黑警示漆，并设置必要的警示和引导标志。

4）安全防护通道必须设置安全警示标志，并按需设置夜间照明设施及夜间警示灯。

4. 建筑材料临时堆放要求

1）建筑材料要集中统一且分类堆放，堆放要整齐有序、稳定牢固，设标识牌；散体材料用挡墙围护，高度不低于 0.5m，用绿网遮盖；大型管材堆放在设置的架子上，不高于 2m。

2）因施工现场狭小等客观原因，材料堆放确实需要临时占用绿化等空间的，施工完成后要进行绿化补种及恢复。

（二）环保控制要点

1. 防治噪声和扬尘污染要求

1）施工时间一般规定应为早上 6 时至下午 6 时之间的时段，施工单位要合理安排作业时间，与街道、居委会、物业等沟通，做好与居民的协调工作；根据现场情况及季节制定合理施工时间，规定每日 8 时之前不得进行捶打、敲击和锯割等作业。

2）易产生噪声的作业设备，应安放在施工现场远离居民区一侧的位置，并在设有隔声功能的临房、临棚内操作。

3）禁止夜间施工，如遇重大活动、中高考期间等特殊时期避免进行产生噪声的作业；如遇重大节假日，要根据主管部门的安排及要求暂停现场施工。

4）施工现场不得进行敞开式搅拌砂浆和敞开式易扬尘加工作业。

2. 防治光照污染要求

施工单位进行电焊作业或使用施工灯光照明的，应当采取有效的遮光措施，避免光照直射居民住宅。

3. 控制扬尘的措施

1）施工过程中产生扬尘时，及时采用洒水等防尘措施。

2）场地勤清扫，洒水降扬尘。每天施工结束后，清理施工现场，做好“落手清”工作。冲洗路面，保持路面整洁。

（三）便民措施要点

1. 道路管线施工要求

小区道路开挖管线沟槽、沟坑，当日不能完成且需要作为通行道路的，施工单位应当在该道路上覆盖钢板，使其与路面保持平整。

2. 屋面施工临时防护措施及小区临时排水措施

屋面施工时，要提前查看天气预报，提前准备雨布等防雨物资，下雨前应检查屋面雨水口，不得有堵塞现象，避免造成居民家里渗水等情况；现场施工中，尤其是雨污水分流改造等可能影响居民正常生活的，需通过居民告知书的形式提前告知居民，提示居民做好配合工作。同时要切实有效做好临时管道排放措施，确保居民正常生活和现场施工的规范整洁。

3. 车辆疏导管理

1）施工车辆。施工单位安排专人对大型施工车辆进行引导，确保小区内施工车辆安全行驶和作业。

2）非施工车辆。涉及改造小区临时停车方案，经征求街道、公安、居委会、物业等方面意见，充分发挥街道、镇属地化管理作用，施工单位须积极做好配合管理工作。做到既解决改造小区居民停车难问题，又不影响周边道路的正常通行。

结语

“美丽家园”修缮工程体量小，但责任重大。项目监理机构应认真担负起安全文明生产的监理责任，在现场管理、文明施工、安全防护措施、设备防护等方面，遏制安全隐患放任自流，督促施工单位重安全，进度、安全、质量一起抓，做好“美丽家园”修缮工程的组织实施和规范管理工作。使“美丽家园”修缮工程成为人民群众满意的工程，把“人民城市人民建，人民城市为人民”的理念充分体现在“美丽家园”的建设中。

全过程工程咨询业务管理模式分析

陈　晶
吉安隆海锋建设集团有限公司

摘　要：本文旨在对全过程工程咨询业务管理模式进行深入分析。全过程工程咨询业务作为一种综合性的工程管理服务模式，在工程项目的规划、设计、实施和运营等各个阶段都起着重要作用。通过对全过程工程咨询业务的管理模式进行研究，可以更好地理解其运作机制和管理流程，从而为工程管理实践提供指导和借鉴。本文首先介绍了全过程工程咨询业务的基本概念和特点，然后分析了其常见的管理模式，并对各种管理模式的优缺点进行了比较和评述。最后，提出了一些优化和改进建议，以期为全过程工程咨询业务的管理实践提供参考和指导。

关键词：全过程工程咨询业务；管理模式；工程管理；综合性服务

在当今快速发展的建筑和工程行业中，全过程工程咨询业务成了一个关键领域，它涵盖工程项目从规划、设计到实施及运营维护的全部阶段。随着项目复杂性的增加和多元化投资者的参与，对工程咨询服务的需求不断提升，业务管理模式的有效性直接影响到项目的成功与否。因此，研究和优化全过程工程咨询的管理模式对提高项目管理的效率和质量具有重要意义。

一、全过程工程咨询业务的基本概念和特点

（一）全过程工程咨询业务的基本概念

全过程工程咨询业务是一种全方位的服务模式，涵盖工程项目从规划、设计到施工、运营及后期维护的每一个阶段。该业务通过整合专业团队和资源，持续参与项目的各个环节，提供专业的技术支持和管理服务，以最大化项目的整体质量和效益。

（二）全过程工程咨询业务的特点

1. 整合性。全过程工程咨询不限于项目的某个单一阶段，而是涵盖了项目从前期的可行性研究、项目规划，到设计、采购、施工管理，乃至运营和维护的每一个环节。这种整合性使得咨询服务能够在项目的每个阶段都发挥作用，确保各阶段的无缝对接和资源的最大化利用。

2. 专业性。全过程工程咨询服务由多领域的专业团队组成，包括但不限于工程师、建筑师、经济分析师和项目管理专家。这样的多学科团队可以提供专业的技术和管理支持，确保项目的各个方面都得到妥善处理。

3. 持续性。与传统的分阶段咨询服务不同，全过程工程咨询伴随项目的整个生命周期。咨询团队不仅参与项目的早期规划，还将持续参与项目后期的运营和维护。这种持续性的服务模式有助于保持项目的连续性和一致性，从而提高项目的整体质量和效益。

二、全过程工程咨询业务的常见管理模式

全过程工程咨询业务涉及多种管理模式，每种模式根据项目的具体需求和

特性进行选择和调整，以达到最佳的管理效果。

（一）综合项目管理（IPM）模式

综合项目管理模式侧重于全面监控和管理工程项目的各个阶段，从前期规划、设计到施工和后期维护。该模式通过整合不同的资源和专业知识，确保项目按预定目标和标准顺利进行。此模式适合于大型复杂项目，可以有效协调各专业领域的工作，确保项目质量和时间控制；缺点是实施复杂，需要高度协调和大量的管理资源，涉及较高的初期成本，尤其是在人员和系统整合方面。

（二）设计—建造一体化（Design-Build）模式

设计—建造一体化模式将设计和施工过程合二为一，由同一个承包商或团队负责。这种模式可以加快项目完成的速度，降低成本，并提高项目质量。设计和施工团队的紧密合作减少了沟通误差，优化了项目执行过程。但是业主对设计和建造过程的控制较少，依赖于承包商的专业性和诚信，在设计质量和创新性上有所牺牲。

（三）全权代理（Agent）模式

在全权代理模式中，咨询公司作为业主的代理，全面负责项目管理和实施。咨询公司负责协调各参与方，监督项目进展，确保合同规定和项目标准的实现。这种模式增加了项目的透明度，使业主能够更好地控制项目进度和质量。但是会产生较大的代理费用。如果代理方和业主的目标不一致，会导致冲突。

（四）建设管理（CM）模式

建设管理模式中，咨询公司作为建设经理，参与项目的各个阶段，提供从项目概念阶段到竣工后的全方位管理服务。咨询公司负责项目的日常运作管理，包括成本控制、时间管理、质量保证及合同管理等。这种模式允许业主在不放弃控制权的前提下，充分利用专业咨询公司的技术和管理经验，但管理层级多导致决策和执行有延迟，需要业主具有较高的项目管理能力。

（五）EPC（Engineering Procurement Construction）模式

EPC 模式是一种常见的“交钥匙”项目承包形式，其中工程咨询公司负责整个项目的设计、采购、施工，直至交付使用。这种模式下，业主只需与一个服务提供商打交道，大大简化了管理过程，同时 EPC 承包商需承担相应的项目风险。但是业主对项目的控制较少，主要依赖于 EPC 承包商的能力和效率。项目的灵活性较低，对变更的响应较慢。

（六）PPP（Public-Private-Partnership）模式

公私合作模式是政府和私营部门合作的一种模式，用于资金密集型的基础设施项目。在这种模式下，私营部门通常负责资金投入、建设和运营，而政府提供支持政策或者部分资金支持。PPP 允许风险和利益在公私双方之间分配，同时提高了项目的效率和创新性。但是 PPP 合约复杂，谈判过程长，涉及高昂的法律和财务成本，公众利益受到商业利益的影响。

三、全过程工程咨询业务管理模式的优化建议

针对全过程工程咨询业务的管理模式，本文提出了一些优化和改进建议，旨在提高项目管理的效率和成果，同时降低风险。

（一）加强前期规划与市场研究

加强前期规划与市场研究的重要性在于能够为整个项目的实施提供坚实的基础。在项目启动之前进行全面而深入的市场调研和需求分析，不仅可以帮助项目团队准确把握目标市场的当前状态和未来趋势，还能确保项目计划与市场需求和用户期望保持一致。

首先，市场调研应涵盖广泛的行业动态，包括竞争对手分析、潜在客户调查、供应链状况及相关法规政策的变化。这些信息对于评估项目的市场机会和潜在风险至关重要。例如，了解竞争对手的项目实施策略和市场表现可以帮助识别自身的竞争优势和需要改进的地方。

其次，需求分析应聚焦于潜在用户的具体需求和偏好，包括通过问卷调查、焦点小组讨论或一对一访谈等方法收集数据。这一过程中，应详细探讨用户对产品或服务的具体期望、使用场景及支付意愿等，从而确保项目输出能够精准满足目标用户的需求。

此外，利用数据分析和市场趋势预测工具是提升决策质量的关键。通过对收集到的大量市场和用户数据进行系统分析，项目团队可以识别市场发展的主要趋势和驱动因素，预测未来变化，从而制定更为科学和合理的项目策略。这种基于数据的决策支持可以极大提高项目成功的概率，减少因市场未预见变化带来的风险。

（二）采用先进的项目管理工具和技术

采用先进的项目管理工具和技术是实现项目管理现代化、提高管理效率和项目成功率的关键。随着科技的快速发展，项目管理软件和信息化工具已成为项目管理不可或缺的部分。这些工具和技术可以显著优化资源分配、精确跟踪进度，并有效控制成本，从而确保项目

按预定目标顺利进行。

首先，项目管理软件如Microsoft Project、Asana或Trello等，提供了一套全面的工具来协助项目经理规划、执行、监控和完成项目。这些软件通常包括任务分配、时间线视图、资源管理和进度更新等功能，使项目管理更加透明和高效。通过这些工具，团队成员可以实时查看任务进度，管理层则可以监控整个项目的状态，及时调整资源和策略以应对项目中出现的任何问题。

此外，信息化工具如ERP（企业资源规划）系统也在项目管理中发挥着重要作用，它可以整合项目财务、采购和人力资源等多个方面的数据，帮助项目团队做出基于数据的决策。这种整合性的信息系统能够提供一个全方位的项目视图，优化成本管理和资源分配效率。

特别是BIM（建筑信息模型）技术，它通过创建项目的数字双生模型，为设计、施工及运维阶段提供了一个共享的信息平台。BIM技术能够帮助项目团队进行更有效的视觉化管理，确保设计的准确性，预测潜在的施工问题，从而减少返工和延误。此外，BIM还能够增强设计与施工团队之间的协作，通过实时数据共享，确保所有相关方都基于最新的项目信息进行决策和执行。

最终，通过整合和利用这些先进的项目管理工具和技术，项目团队不仅可以提高工作效率，也能够更好地控制项目风险，优化项目执行过程，提高项目交付的质量和效率。在竞争激烈的工程咨询市场中，这些技术的应用成为提升企业竞争力的重要手段。

（三）强化风险管理机制

强化风险管理机制对于确保项目成功和持续性至关重要。风险管理不仅涉及风险的识别和评估，还包括制定和实施有效的应对策略，以及监控和调整这些策略的效果。通过建立全面而系统的风险管理框架，项目团队可以更好地应对潜在的挑战，从而保护项目免受重大损失。

风险评估应成为项目规划和执行过程的一部分。通过使用定量和定性分析工具，如故障树分析（FTA）、蒙特卡罗模拟和风险矩阵等，可以系统地识别项目中潜在的风险源。这些分析工具有助于评估各种风险的概率和潜在影响，从而确定哪些风险需要优先管理。

定期进行风险审核是另一个关键组成部分。项目团队应定期集会，评审现有的风险及可能出现的新风险，更新风险管理计划，并根据项目进展和外部环境的变化调整风险应对策略。这种动态的风险管理过程可以确保项目管理的灵活性和适应性。

风险管理系统还应包括一个多层次的风险应对策略，涵盖预防措施、减轻策略和紧急应对计划。例如，财务风险可以通过适当的保险覆盖、成本控制和预算管理来减轻；法律风险可以通过与法律顾问密切合作，确保合同条款的充分理解和执行来控制；技术风险则可以通过采用经过验证的技术、进行适当的技术培训和进行定期的技术审核来应对。

此外，风险信息沟通策略也非常重要。有效的风险信息沟通可确保所有项目相关方，包括投资者、客户、供应商和团队成员，都对项目的风险有清晰的理解，并且能够在需要时采取协调一致的行动。这不仅增强了团队的凝聚力，也提高了风险应对的效率和效果。

最后，为了持续改进风险管理实践，应收集和分析项目结束后的风险管理绩效数据，学习经验教训，并将这些教训应用于未来的项目中。这种反馈循环是持续优化风险管理过程的关键，有助于构建更为强大和灵活的风险管理体系。

结语

本文系统地分析了全过程工程咨询业务的基本概念、特点及其常见的管理模式，并针对如何优化这些管理模式提出了一系列建议。全过程工程咨询业务覆盖从项目的初始规划阶段到设计、实施、运营，直至维护的全部过程，提供了一个整合性强、专业性高的服务体系。其主要特点包括跨学科合作、全周期管理和高度的综合性，旨在提高项目的效率和质量。全过程工程咨询业务不仅能够更有效地管理和控制工程项目，也能够为客户提供更高质量、更具成本效益的服务。在未来，随着技术的进一步发展和市场需求的变化，全过程工程咨询行业应继续探索和创新，以适应新的挑战和机遇。

参考文献

[1] 周翠．监理企业发展全过程工程咨询业务的关键技术探索[J]. 建筑经济，2020，41（7）：18–23.
[2] 赵振宇．全过程工程咨询服务几个关键问题探讨[J]. 农电管理，2021（2）：35–37.
[3] 高原．中国建筑设计管理创新高峰论坛·管理者峰会暨工程建设组织模式创新研讨会在穗召开[J]. 建筑设计管理，2021，38（3）：32–42.
[4] 青岛市工程咨询院．勇立潮头担当有为：青岛市工程咨询院以创新推动高质量发展[J]. 中国工程咨询，2022（4）：20–25.

建设项目全过程工程咨询全景推演图

方 硃
北京帕克国际工程咨询股份有限公司

一、《标准》框架

《建设项目全过程工程咨询标准》T/CECS 1030—2022（本文简称“《标准》”）的主体定位是对建设项目全生命期进行“全层级、全周期、全目标、全产品、全流程”的全咨服务及项目开发的管理。笔者团队研发的全景推演图依据此标准初步建立了结构化的项目全咨管理方法，构建了全咨管理四个维度和A-PDCn流程总体框架，包括①关注项目产品；②保证项目目标；③分阶段管控；④分层级授权和决策；⑤各层级、目标、阶段及产品环节中实施A-PDCn流程等。

《标准》具有普适性，可面向“过去、当前和未来”的市场情况，适用于建设项目咨询的各种模式。可作为总咨询师进场第一时间构建全景推演并策划全咨管理工作参考。

《标准》整体框架以项目总控管理（统筹+项目管理）为支撑。通过一体化的全项目总控管理（统筹+项目管理）行为与全过程专业咨询行为的充分融合和互相支撑，建立了使建设项目在开发全过程中总体收益和目标“始终处于受控状态”的控制体系。

《标准》建立了3角色项目治理结构、3层级咨询管理组织、项目3大阶段6小过程、3层级项目（主线）目标、3层级咨询策划体系、3层级综合计划、3分段滚动实施和交付、3环节项目A-PDCn管控方法、3阶段项目产品演化。如此，全面建立了全咨的组织管理、范围管理、目标管理、工作制度和工作程序等一套完整的一体化咨询体系。

《标准》编写了各“模块”咨询工作实施及审核时序点，整体框架为“纵横矩阵式，多维度、多层级”模型框架。

二、《标准》核心要义

《标准》以“咨询模块”为章节单元，明确规定了各项专业咨询模块的输入、策划、管理、专业咨询、成果评审等全套完整的一体化全咨实施体系。不论是谁引领全咨，均要升级为“有业主视角”的咨询管理，其中各模块岗位职责不可或缺。《标准》中各专业咨询模块核心要义如下。

1. 基本规定

明确全咨管理的定位、原则，实施前委托、实施中履约流程、实施后成果要求及咨询后评价等。明确提出全咨管理总体目标是建设项目开发全过程“始终处于受控状态”的保证。

2. 项目层级组织机构（维度）

《标准》建立了项目开发全周期3级项目治理结构，即由委托人为项目决策层、咨询管理部为项目管理层、工程建造承包方为项目产品执行层；建立了全项目咨询管理部（团队）内部3级咨询管理组织，即由咨询人（单位）和总咨询师为咨询决策层、总控管理部为咨询管理层、专业咨询部（或分咨询组）为咨询执行层。

3. 项目总控管理（统筹+项目管理）

对应建设项目全周期“总体”策划、统筹实施和总体控制。总控管理部需保证项目开发全周期有效投资价值、项目目标、产品品质等“始终处于受控状态”。项目总控管理（统筹+项目管理）应贯穿建设项目开发全过程，突出建设项目的“全周期、全目标、全参与方、全产品、全流程”总体控制主要包括以下环节：

1）咨询启动环节（in），接受委托人的委托，明确“项目全咨”原则，输入“成功投资、成功项目、成功产品”3级项目目标。

2）咨询策划环节（plan），构建3层级咨询策划体系，包括①《全咨规划（大纲）》，对咨询管理（对象）各环节策划嵌套A-PDCn循环流程；②《项目开发建设(全景)实施计划》,对项目开发(对象)进行全维度策划(含产品、质量、进度、造价、风险等计划);③专业咨询实施细则等策划文件。构建3层级综合计划,包括项目总体、各阶段各职能目标,以及各类合同等实施计划文件。

3)咨询实施环节(do),采用3分段滚动管控和交付制度,包括年度、月度及每周等目标、计划、交付制度;对项目决策阶段(制定项目目标approve)、建设阶段(工程设计、工程招采、工程建造、工程验收等)、运营维护阶段等进行统筹总控管理工作;对建设项目总体的投资、进度、质量、风险安全、绿色建造和环境管理等项目目标进行统筹总控管理工作;对建设项目总体的信息与知识、合同、沟通、资源、技术等职能进行统筹总控管理工作。对“项目开发”全过程、全要素进行跟踪监控及评审。

4)咨询监控验收环节(check),建立3流程项目管控A-PDCn方法,包括先制定目标,再进行策划和计划,实施中持续统计和跟踪,设置成果及变化对比评审点并纠偏等全过程总体控制流程。在项目开发全过程的各管理阶段、管理层级、管理目标、产品部件等各环节,以及对项目竣工成果进行检验试验和验收管理。

5)全咨履约收尾环节,导入“资产运营阶段”的咨询管理。组织进行项目全过程咨询管理总结、履约评价,向委托人提出后续行动建议。

4.投资策划及决策综合性咨询管理

对应固定资产投资前期阶段“投资行为”的策划、管理和咨询、评审工作。交付《项目价值(可研)报告》,即提交项目《商业价值方案》《项目(全生命)投融资方案》《产品(全生命)技术方案》《资产运维方案》。投资决策部需保证项目开发全周期“成功投资”“始终处于有效状态”。项目投资决策论证应贯穿建设项目全周期,建立投资决策的持续评审制度,持续保证项目具有“投资性价比”——有效投资价值、实现项目目标、保证产品品质。即在投资前期进行投资构想、意向、规划、方案、评估、比选、价值论证等,并进行项目投资决策评审,证明投资依据和项目驱动力;在项目实施各阶段设置关键决策点持续进行投资决策评审,保证项目投资决策持续有效(或及时止损);竣工后进行第三方项目后评价,对项目投资决策进行再确认等全过程管理。

5.勘察和设计咨询管理

对应项目全生命期“产品”设计及技术控制的策划、管理和咨询、评价工作。工程设计咨询管理部需保证项目产品全生命周期的功能和价值——“一张蓝图干到底”。勘察和设计咨询管理应贯穿建设项目全周期,关注项目产品全生命期的演化过程,始终保持其功能和价值处于有效传递。包括项目前期进行需求管理,交付项目投资意向(A0版);进行产品技术目标和参数策划并交付项目定义文件(A1版);项目设计阶段策划设计任务书,进行产品全过程设计控制并交付虚拟建筑设计(BIM)模型及各专业系统设计图文件(A2版);工程招采阶段进行过程协同并交付《工程技术规格书》及物料设计封样文件(A3版);工程施工阶段交付产品建造技术符合性检查文件(A4版);项目竣工阶段协同进行产品验收并交付资产技术规格符合性确认文件(A5版);固定资产运维阶段协同提交投产技术验证文件(A6版),项目技术后评价等项目产品全过程演化。通过以上工作,使运营使用人得到长期可盈利、有核心竞争力、综合价值最大化的成功产品。

6.工程监理咨询和管理

对应项目建设中施工秩序的策划、管理和咨询、评审工作。工程部须保证项目工程产品建造现场正常的施工秩序。项目工程实体建造施工全过程应对永久工程和临时设施均进行质量、进度、计量、安全等目标控制。包括项目策划阶段的工程施工策划,建设阶段的开工条件审批、施工中“人机料”秩序控制、工程施工质量控制,竣工阶段的工程验收移交等施工秩序全过程管理。

7.招标采购及合同咨询管理

对应项目建设全过程资源合同采购及履约的策划、管理和咨询、评审工作。招采合同部需保证项目每个工程合同从头管到尾。工程合同“招采+履约”咨询管理,应贯穿工程合同的全过程,始终保持工程合同处于受控状态,即招采过程合理、资源先进及合同履约完整。工程策划阶段进行合约规划及招采策划;工程准备阶段进行招标采购编制及过程控制、合同签约控制;工程施工中进行合约人的进场、履约、合同验收等全过程合同管理。建议工程招标文件宜由法务篇、技术篇(产品指标及施工管理要求)、商务篇、招标投标须知篇、评标定标办法篇等组成招标文件和合同条款框架。明确招采合同部应与其他部门协同进行合同招采和履约管理工作,例如,招采合同部进行合同的策划、计划、制度、流程、实施过程控制和验收,法务部门协同合同法务条款管理,投资及造价控制部门协同工程商务方面控制，设计咨询部门协同工程技术控制，工程监理部门协同施工管理控制等。

8. 投资和造价咨询管理

对应项目全生命期投资和造价的策划、管理和咨询、评审工作。投资造价控制部须保证项目投资“谁测算即谁控制”落到实处。投资和造价咨询管理应贯穿建设项目全周期，应注重开发建设项目产品全生命周期的投资成本，始终保持投资造价处于受控状态。应对工程产品全生命期的投资和成本，所有商务条款（款项）相关事项进行控制和管理。即项目策划阶段进行资金估算，设计阶段进行资金概算、限额指标，工程招采阶段进行资金预算、商务策划、招标限价、签约定价，各个阶段及施工阶段进行合同款计量、成本动态控制，竣工阶段进行竣工结算和竣工决算等全过程控制。

9. 项目其他专项咨询

补充其他增值咨询服务的策划、管理和咨询、评审工作，应设置相应咨询部门，并纳入全咨管理中。宜在项目各阶段适当时机介入相关工作，考虑各种因素的影响，增强专项咨询管理的完整性。包括政策法律咨询、产业规划咨询、投资融资咨询、特许经营模式咨询、财务咨询、绿色建筑咨询、工程保险咨询、建筑信息模型（BIM）应用咨询、项目后评价咨询、项目绩效评价咨询。

10. 项目竣工验收和移交收尾咨询管理

对应项目建设竣工时的验收收尾的策划、管理和咨询、评审工作。总控管理部（统筹 + 项目管理）应保证工程移交保修与运维等衔接。工程竣工验收咨询及管理应协同各专业咨询部共同实施竣工验收和移交收尾阶段工作。包括建设工程专项验收、工程专项测量、工程安全鉴定、单位工程竣工验收、负荷联动试车（试运行）及试生产考核、项目整体验收。工程收尾移交咨询及管理包括项目竣工档案和工程实体的移交管理、竣工备案、房地产权属登记、竣工结算管理及工程保修期管理等。建议部分运维实施工作在竣工前提前介入。

11. 固定资产运营维护阶段咨询管理

对应于建设项目后形成固定资产的运营、维护和资产增值等策划、管理和咨询、评审工作。资产运营维护部需保证资产运营平稳安全。资产运营维护咨询管理应考虑运营全周期中对资产进行技术、安全、费用、效益等目标的控制，统筹考虑影响项目运行的各种因素，关注市场及风险变化。宜采取综合性咨询，始终保持项目资产处于有效控制状态，即设施稳定运行、资产保值增值、发挥运营效益，达到委托人原设定的项目战略目标。具体包括在项目策划阶段进行运维策划和需求管理，在运维阶段进行设施维护、运营生产、资产保值增值等全过程固定资产的管理。建议运营策划和需求管理前置与项目策划同步进行。

三、全景推演图

《标准》核心主编人员编制了建设项目全咨工作及项目开发全景推演图（图 1），提出了项目开发要从 3 条主线展开全咨工作：①委托人代表负责控制“成功投资”价值；②总咨询师主要负责达到“成功项目”绩效目标；③总工程师主要负责交付“成功产品”品质。

1. 纵向看，在各阶段，由相应主管的专业咨询部牵头主导，其他专业咨询部，如项目前期部、工程设计技术部、工程招标采购部、工程监理部、投资造价部等需协同进行本阶段咨询管理工作。

2. 横向看，每个专业咨询管理部均要在项目全过程中，包括项目决策、工程勘察设计、招标采购、工程施工、竣工验收等阶段进行相应的专业咨询工作。

3. 从咨询管理层级看，项目开发全过程中，咨询人（单位）、总咨询师和总控管理部（统筹 + 项目管理），要对项目总体目标进行全项目综合策划和控制。各专业咨询管理部对其自身专业咨询目标进行全过程策划和控制。

层	层级主体	主责、目标	IN任务、策划	1项目决策阶段A	2工程设计阶段P	3工程招采阶段P	4工程施工阶段D	5工程竣工阶段C	6资产运维阶段D1
层0	战略层 公司或项目群	输入:投资战略 项目级目标允许偏差	任命:项目总监 启动:投资意向A0						输出：确认投资战略成果
	项目内：层级主体	主责、目标	IN任务、策划	1项目决策阶段A	II建设阶段 2工程设计阶段P	3工程招采阶段P	4工程施工阶段D	5工程竣工阶段C	6资产运维阶段D1
	政府部门、社会团体（公众利益）			审批或备案项目立项、可研、方案等	审查设计强条、消防、人防、市政等	审查专项设计、招标、备案施工合同等	检测地基、结构、消防、节能、环保等	验收备案人防、交通、规划……等专项	许可备案开业、名称、营业等
层1	项目决策层A	目标:项目投资价值成功	导入项目任务书(3条主线)	批准价值策划A	批准价值设计A	批准价值测算A	批准价值变更A	批准竣工价值A	项目后价值评价C
	——委托人(项目总监)	关注：项目目标及产品	投资、建设、产品方向	批准项目策划及定义A1	批准设计计划及成果A2	批准招采计划及成果A3	批准施工策划及成果A4	批准竣工计划及成果A5	批准开业策划及成果A6
	主责：批准、授权、指导和沟通	主责:项目内6个绩效指标	策划:资源及资金筹措	授权工程设计目标A	授权工程招采目标A	授权工程施工目标A	授权工程竣工目标A	授权开业投产目标A	授权运营目标A
		上报:项目级超出的偏差	批准:项目总咨询管理师 批准:项目咨询管理规划	指导和沟通、批准纠偏	指导和沟通、批准纠偏	指导和沟通、批准纠偏	指导和沟通、批准纠偏	指导和沟通、批准纠偏	指导和沟通、批准纠偏
层2	项目咨询层PC（咨询人单位）		调查项目背景 策划:全咨询管理大纲	签订咨询合同、筹办咨询合同启动会：人、财、物，制度，技术，工具等后台支持调度……					履约评价总结会(C)
	1)总咨询师（咨询内决策层）	目标:项目目标成功实现	任命:项目总咨询管理师	评审价值可行C 项目风险管理	评审设计价值有效C 项目风险管理	评审预测价值有效C 项目风险管理	评审实施价值有效C 项目风险管理	评审项目完成价值C 项目风险管理	咨询合同收尾
	组织/批准、指导专业咨询	关注：项目目标及产品	建立:项目3级治理体系	评审目标绩效偏差C	评审目标绩效偏差C	评审目标绩效偏差C	评审目标绩效偏差C	评审目标绩效偏差C	项目控制绩效报告D
		主责:阶段内6个绩效指标	策划:项目咨询管理规划 评审:投资、建设、产品等方案	评审产品定义成果A1 确定项目范围, 专业咨询启动会	评审产品设计成果A2n 核查项目范围变更	评审产品招采成果A3 核查项目范围变更	评审产品施工成果A4 核查项目范围变更 工程合同启动会	评审产品竣工验收A5 验收项目范围	评审项目开业成果A6
	2)总控部（咨询内管理层）	上报:阶段级超出的偏差	②导入项目开发实施6绩效指标约束目标	导入项目意向A0制定项目策划任务书P	导入设计规划及目标A1 制定项目设计任务书P	制定合约规划及目标A2 导入招标文件标准P	导入施工合同及目标A3 制定施工管理要求P	制定竣工要求及目标A4 导入竣工验收标准P	制定开业准备及目标A5 导入开业标准P
	业主项目管理：成功产品和目标实现	主责：项目目标及产品开发	策划：咨询管理组织架构、合约规划模式	制定项目设计3层级6指标控制计划A-PDCn	制定工程招采3层级6指标控制计划A-PDC	制定工程施工3层级6指标控制计划A-PDC	制定工程竣工3层级控制计划A-PDC	制定资产运营3层级6指标控制计划A-PDC	全项目目标指标绩效评价
			项目前期计划P	跟踪、统计、纠偏、报告D 控制总投资、方案比选	跟踪、统计、纠偏、报告D 产品技术控制及评审	跟踪、统计、纠偏、报告D 组织招标采购	跟踪、统计、纠偏、报告D 组织施工、控制	跟踪、统计、纠偏、报告D 组织竣工验收/移交资产	组织项目决策及效益评价C
	3)专业咨询组DC（咨询内专业执行层）	目标：专项内6个绩效偏差； 主责:产品开发；上报:超出偏差	策划：专业咨询及工程合同6个绩效目标：价值、风险、质量、进度、造价范围变更	项目策划咨询启动、跟踪纠偏、变更等控制	设计咨询启动、跟踪纠偏、变更等控制	招采咨询启动、跟踪纠偏变更等控制	监理咨询启动、跟踪纠偏、变更等控制	竣工验收咨询、跟踪纠偏、变更等控制	开业咨询启动、跟踪纠偏、变更等控制
	前期部	项目商业价值论证;	投资价值咨询细则及计划	投资及产品策划及价值评估PDC-A1	项目设计价值评审C	项目签约价值评审C	项目实施价值评审C	项目完工价值评审C	项目投资收益评价
	运维部	产品运维功能及目标管理;	产品运维咨询细则及计划	项目产品工艺运营策划方案	导入项目产品运营维护的需求及设计要求			运维计划、人员财务物品准备、物业接管	项目资产——开业试投产PDC-A6
	造价部	项目投资绩效指标管理;	投资造价及成本咨询细则及计划	项目投资估算(全生命)	投资概算、设计分解限额指标、合同包分解成本	商务篇：成本分解预算及合同招标限额清单	合同造价及变更控制、项目成本动态控制	合同竣工结算及项目竣工决算	项目固定资产清单、项目造价绩效评价
	各部协同	项目6个绩效指标管理;	项目报审报批报建报竣工咨询细则及计划	项目投资价值方案，项目报审	项目开发6指标全要素实施计划A2	项目报批	合同文件交底、开工审核、项目报建	项目竣工验收PDC-A5，项目报竣	项目收尾、项目投资决策验证
	设计部	产品功能技术指标管理;	产品功能及设计咨询细则及计划	项目产品工艺方案及项目需求(全生命)	需求管理—方案、扩初、施工图设计过程及成果PDC-A2	产品篇：施工图及专项设计文件、技术规格书(D)，物料设计封样	设计技术变更及技术检查	设计功能及技术竣工验收(C)、竣工图及确认	设计技术配合移交、产品技术绩效评价
	合同部	合同6个绩效指标管理;	采购及合同咨询细则及计划	项目开发资源规划	项目资源规划及招采策划	法务篇:招采文件、过程、合同、PDC-A3	合同履约过程管理及确认	合同目标履约验收	配合移交、工程合同绩效评价
	工程监理部	施工6个绩效指标管理	工程监理咨询细则及计划	工程施工技术策划	工程施工策划、场地整理	业务篇：导入施工场地条件，施工管理要求	开工令、施工控制、产品验收PDC-A4	单位工程质量验收、质量评估(C)	配合移交及开业、工程质量绩效评价
层3	产品交付层D	目标:产品建造质量及合同目标	合同履约体系			提交施工组织设计 提交施工深化图设计 提交物料封样	施工准备、报开工	工程报竣工	
	施工合同方、工程总承包EPC	主责:建造合同内6个绩效指标	策划：施工组织管理设计				工程施工过程目标控制及产品验收PDC-A4	项目调试及竣工专项方案	
	主责：施工合同及产品交付	上报:建造合同级超出的偏差					施工要素管理		

图1　建设项目全过程工程咨询全景推演图（3主线、多维度及A—PDCn流程模型）

浅谈物联网技术在智慧工地项目管理中的应用

冯云青　乔玮鹏

山西协诚建设工程项目管理有限公司

摘　要： 近年来随着建筑业的迅速发展，传统工地粗放式的管理模式已无法满足建筑工程项目管理的需求，特别是工程量大、工期长、环境复杂、参建方众多、协调难度大的工程，只有充分利用现代信息技术，实现信息的实时共享，才能满足项目质量安全管理的需求。基础大数据和"互联网+"支持下的智慧工地系统，通过物联网技术，建立人员、物料、设备、环境等集成信息系统，实现工地现场的信息化和智能管理，提升建设效率和管理决策能力。智慧工地和物联网有效融合，共同构建智能、高效、绿色的智慧工地管理平台，也成为工地项目管理的必然趋势，较大程度提高了智慧工地项目管理水平。

关键词： 物联网技术；智慧工地；项目管理

随着国家的发展、社会的进步、基建项目的增加，坍塌、触电、坠落、坠物等各类质量安全事故频频发生，人员伤亡和财产损失触目惊心。为降低和减少各类风险的发生，建筑施工项目管理中对各类质量安全隐患及事故的预判就显得非常重要。智慧工地是一个复杂的系统工程，通过应用物联网技术可进行大范围精确定位，将人员、物料和设备监控等相关数据信息集成，方便相关管理人员实时地掌控项目建设过程，做出高效、有针对性的处理措施，有效保证工程质量安全，较大程度上克服了传统建筑项目管理水平低、缺乏专业人才、物资浪费、相关设备落后或保养不及时、信息处理能力差、不能及时准确获取数据资料等问题导致的资源浪费和成本增加，提高了工作效率，降低了人力、物力的消耗，推进了建筑施工生产标准化的发展。

基于物联网技术的智慧工地项目，建筑项目工作人员通过在施工现场布置相应传感器设备，在整个工程项目中构建协同共享的智能化系统，实现对智慧工地中人员、材料、机械、环境等要素综合全面的管理和监控。智慧工地系统是分别将人员管理、材料管理、设备管理等进行分系统管理，并对环保、安全等方面进行远程监控和实时监测，各系统之间相互关联，共同形成对工地各方面的全覆盖管理。智慧工地系统在各个项目的应用中，由于技术的专业性要求较高，所以需要各参建方共同努力，将工程实际施工情况、工程周边情况等各类因素进行综合考虑，逐层逐步展开和推进。基于物联网技术的智慧工地各子系统功能应用，主要通过对工地人员、物料、设备、环境四个主要要素的管理与监控实现。

一、物联网技术对人员的管理与监控

智慧工地的人员管理，主要利用物联网技术，有效整合无线通信、数据采集、人脸识别、人员活动状态监测等模块，将相关数据传输到工地人员管理系统，实现人员的管理和监控。

首先，对进入现场的人员进行实名制信息采集，分类统计承包商、外来人员、管理人员等并将相关信息输入系统，关联到施工现场智能门禁数据库，随后发放一卡通。现场人员的数量信息、岗位信息及出勤情况等信息就可以同步实时地显示在场地的显示屏中，方便现场管理。

其次，建筑人员在闸口进行人脸识别（图1），可以确定所有人员进出情况，杜绝无关人员的潜入，保障项目的安全平稳运行。现场佩戴的安全帽经过改进（图2）加入了智能芯片，在录入人员的基本信息之后，就可以实现全方位的监督管理，可以实时监测到人员的活动轨迹、工作状态，达到对人员安全更全面的掌控，并对现场安全有预警功能，如果发生质量安全隐患，可以第一时间通知在场人员进行紧急避险，极大降低人员风险隐患，保证施工人员人身安全。

再次，通过系统定位分析，对于进度控制也能起到很好的促进作用，管理人员可以借助大数据分析系统，对各个施工阶段进行数据分析，整合出最合理的劳动量配置，在保证施工质量、进度、安全的前提下，进行合理的人员调配，既能提高劳动生产效率，还能减少窝工等情况带来的损失，对于现场的进度管理起到极大的促进作用，同时更有利于实现工程建设的最终目标。

二、物联网技术对物料的管理与监控

智慧工地物料管理，也是借助大数据跟踪分析系统，建立物料全生命周期管理，从入库到特定的使用现场进行全过程跟踪，保证物料更合理的使用，降低来回调配和退回的风险，提高工作效率的同时，实现物料的有效监管。

首先，在材料采购环节，应用物联网技术快速准确地生成材料需求清单，改变传统模式中人工统计方法计算速度慢、数据准确性低的状况。材料需求清单经过确认后，会根据现场的使用时间要求，适时进行采购，能让物料在合适的时间出现在合适的地点，降低保管风险的同时，实现物料全状态的过程管理。

其次，在物料验收方面，利用物联网技术对整个验收过程进行监控，并将关键材料的原始单据、质量证明等拍照或录像留证；利用工程物资管理系统App实施非称量物料的接收，如实施非称量物料的进、出等操作，也能快速清点现场物资，克服传统人工清点效率低、耗时长、数据失准的缺点。

再次，对于有现场存储需求的材料建立特定识别区域，如电子标识牌等，通过视频系统实现物资管理，提升物资管理系统工作效率。既能达到对现场材料的监控，也能实时反馈出物料的实际库存与使用情况。如果现场发生异常，则能在第一时间提供相关监控数据，降低保管风险的同时，实现物料管理的透明化。

三、物联网技术对设备的管理与监控

智慧工地现场设备管理是基于物联网技术，通过现场监控、摄像及各种传感设备，对现场的机械设备进行数据统计分析，实现设备数据查询，设备跟踪、运行情况管理等目的。降低人员数据分析带来的偏差，提升现场设备管理的效率。

机械设备管理系统还能对机械设备的种类、数量、型号、维护、运行、管理、操作人员等信息，进行统计、记录、实时汇总，保证机械设备信息管理的及时性、准确性和信息共享。特别是对于机械设备的寿命及可靠性等指标，通过

图1　人脸识别门禁系统

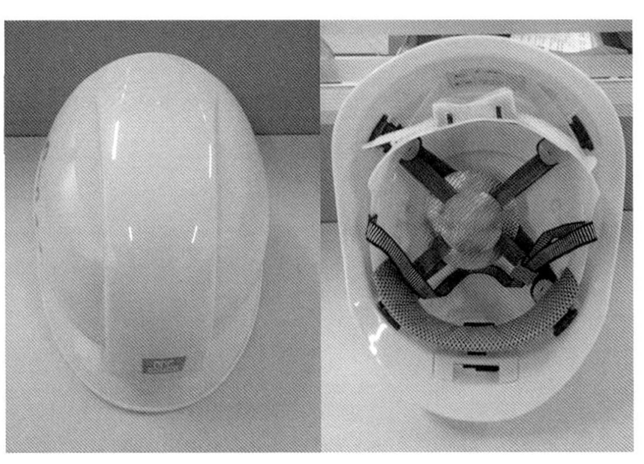

图2　人员定位智能安全帽

图3 环境监测系统

图4 围挡及塔式起重机喷淋

设定指标阈值预警，一旦超过阈值就会自动报警，提醒及时进行检查维护修理，防止“带病”作业，从而提高机械设备的安全性和可靠性。

四、物联网技术对环境的管理与监控

为了进一步响应国家倡导的生态环保理念，智慧工地还应加强对生态环境建设的重视，施工现场的环境管理与监控也是绿色施工中的重点内容。

在施工现场设置环境监测系统（图3），严格把控工地施工对周边环境可能产生的扬尘、噪声等，如在扬尘管控方面，智能监控平台具有多种统计和高浓度扬尘报警功能，可分析扬尘排放的趋势和规律，以图标或者曲线的方式进行科学分析和展示，若现场空气质量超标，智慧工地系统将自动开启围挡喷淋及塔式起重机喷淋进行降尘（图4），最终实现对工地环保动态的有效管理。因此，只有不断加强对污染物的预警力度，才能从根源上将可能对生态环境造成污染性的物质进行消除，营造绿色环保的智慧工地环境。

结语

可以看到，物联网技术对建筑工程项目管理有极大的提升和促进作用，智慧工地必将是后期的发展趋势，同时，我们还应该认识到一些问题：①物联网依靠的是现场传回的即时数据，所以对网络的依赖比较大，对于偏远地区和网络欠发达地区会有很大的限制，如果这些地区需要发展，还依赖于国家对于网络的全覆盖建设。②影响智慧工地的因素较多，工程设计差异、参建各企业的差异、现场施工环境变化带来的差异等诸多因素都会对智慧工地建设带来不同难度，所以智慧工地不是模板化的，而是需要根据各自特点逐步建立起来的，不能一蹴而就。③协同管理贯穿于整个智慧工地项目发展中，网络数据采集需要引进专业性人才，针对不同的专业进行专业化处理，只有做到各司其职，才能保证智慧工地系统的推进。

综上所述，为智慧工地做好物联网技术各项保障措施，加强对人员、材料、设备、环境等要素的协同监管，项目安全、项目质量、成本预算及施工进度才能达到相对理想的效果，大幅度提升工地施工的精细化管理水平，推进生产标准化的实施，最大限度满足参建各方需求。

参考文献

[1] 安玉华，王若辰．物联网技术在智慧工地安全质量管理中的应用[J]．智能建筑与智慧城市，2022（3）：102–104．
[2] 王培杰．物联网在智慧工地安全管控中的应用[J]．中国航班，2021（35）：25–27．

水利工程施工监理信息化

陈志春
甘肃省水利水电勘测设计研究院有限责任公司

摘　要：本文围绕水利工程施工监理信息化展开研究，重点关注监理质量控制、进度控制、安全控制、投资控制等方面，提出了信息管理、合同管理、多方协调等关键内容，通过信息化技术（如BIM）实现监理过程的智能化和数字化管理。在水利工程施工监理中推行信息化应用将提高监理效率、降低人力成本，同时保障工程施工过程的合法合规性，为工程的顺利进行提供有力支持。本文深入剖析了水利工程施工监理信息化的重要性和应用价值，可为相关领域的研究和实践提供参考。

关键词：水利工程施工监理；信息化技术；BIM；质量控制；安全控制

一、监理管理

（一）质量控制

水利工程施工监理信息化中的质量控制是确保工程质量达到设计要求和相关标准的重要手段。在水利工程施工中，质量控制涉及材料的选用、施工工艺的控制、施工过程的监督等方面。监理人员在质量控制过程中应当严格执行相关质量标准和规范，对施工现场进行定期检查、抽查，确保施工过程中不出现质量问题。

为了实现质量控制的信息化，监理信息系统可以起到重要作用。监理信息系统可以实现对施工过程中的质量数据进行实时采集、分析和监控，及时发现质量问题并采取相应措施加以解决。此外，监理信息系统还可以帮助监理人员对施工单位的质量管理情况进行评估和监督，提高监理效率和质量控制水平。

在实际工程中，监理人员还应当配合施工单位进行质量验收工作，对施工过程中的重要节点和关键部位进行质量检查和评估，及时发现和解决质量问题，确保工程质量符合相关标准要求。同时，监理人员还应当定期组织进行施工质量检查、评估和汇总，编制施工质量报告，为工程最终的验收提供参考依据。

总的来说，水利工程施工监理信息化中的质量控制是保证工程质量的核心内容之一，监理人员应当加强对质量管理工作的重视，充分发挥监理信息系统的作用，在质量控制工作中发挥积极作用，提高工程质量和监理效率。

（二）进度控制

在进行进度控制时，监理人员需要与施工单位保持良好的沟通，确保双方对工程进度的理解和预期一致。监理人员还需要密切关注工程施工中可能影响进度的因素，如天气、材料供应等，及时调整施工计划，确保工程进度不受影响。

同时，监理人员还需要利用信息化技术，如监理信息系统和人工智能技术，对工程进度进行实时监控和分析。通过信息化技术，监理人员可以更加直观地了解工程进度情况，及时发现并解决可能存在的进度问题，提高监理效率和工程施工质量。

总的来说，进度控制是水利工程施工监理中不可或缺的一环，监理人员需要通过有效的监控和管理，确保工程施工按时按质完成，为水利工程的顺利建设提供有力保障。

（三）安全控制

为了有效实施安全控制，监理人员

需要做好以下几个方面的工作：

1. 安全生产教育培训：监理人员需要定期组织施工人员进行安全教育和培训，增强他们的安全意识和安全技能，提高施工现场安全管理水平。

2. 安全检查和监督：监理人员需要定期对施工现场进行安全检查和监督，发现并及时解决存在的安全隐患，确保施工现场安全有序。

3. 安全管理规范执行：监理人员需要严格执行相关安全管理规范和程序，确保施工过程中各项安全措施得到有效执行，防止安全事故的发生。

4. 应急预案和演练：监理人员需要制定和实施施工现场的应急预案，并定期组织安全应急演练，提高施工人员应急处置能力，确保在安全事故发生时能够及时有效应对。

通过以上措施的有效实施，监理人员可以提高安全控制水平，确保水利工程施工过程中安全风险的有效管控，为工程施工的顺利进行提供保障。同时，监理人员还应与施工单位密切配合，共同努力、维护工程施工平稳进行。

二、信息管理

（一）投资控制

1. 预算编制：监理人员需要根据项目的施工需求和要求，结合施工图纸、技术规范等资料，编制项目的施工预算。预算编制需要考虑到各个方面的费用，并且要合理分配各项费用的预算比例，确保项目的资金预算合理、准确。

2. 资金监督：监理人员需要监督和管理项目的资金使用情况，定期审核项目的资金支出情况，及时发现和解决资金使用中的问题和风险，确保资金使用的合理性和经济效益。

3. 成本控制：监理人员需要控制项目的成本，采取有效措施减少不必要的成本支出，并且保证项目的施工质量和进度不受成本控制的影响。

4. 风险管理：监理人员需要识别和评估项目资金使用中存在的风险，采取相应的措施避险，确保项目资金使用安全可靠。

投资控制是水利工程施工监理的重要工作之一，只有做好投资控制工作，才能确保项目的资金使用合理，经济效益明显，从而保证项目的顺利进行和完成。

（二）合同管理

首先，合同管理涉及合同的签订、变更和解除等方面。监理人员需要对合同条款进行仔细审查，确保合同内容合乎法律规定，并能够保障施工质量。同时，监理人员需要密切关注合同变更的情况，及时协调双方工作，保证合同变更的合法性和合理性。在合同解除的情况下，监理人员需要协助双方进行协商，保障双方的合法权益。

其次，合同管理还涉及合同执行过程中的监督和检查工作。监理人员需要定期对合同执行情况进行检查，确保双方按照合同约定进行工作，保证工程质量、进度和安全。同时，监理人员需要及时发现并处理合同执行过程中可能出现的问题，确保工程顺利进行。

最后，合同管理还包括合同结算和索赔等工作。监理人员需要对施工单位提出的工程进度款、工程质量款等结算请求进行审核，确保结算金额的合理性和准确性。对于双方的索赔请求，监理人员需要进行认真的调查和核实，确保索赔请求的合理性和合法性。

总而言之，合同管理是水利工程施工监理工作中至关重要的一部分，监理人员需要具备严谨的工作作风和专业的知识技能，才能有效地完成合同管理工作，保障工程的质量、进度和安全。同时，监理人员还应不断学习和提升自己的能力，适应信息化时代的发展需求，为提高水利工程施工监理工作的质量和效率贡献自己的力量。

（三）多方协调

在水利工程施工监理信息化过程中，多方协调是非常重要的环节。协调工作涉及多个方面，包括监理单位与施工单位之间的沟通协调、监理人员之间的配合协调，以及监理与业主之间的沟通协调等。

首先，在监理单位与施工单位之间的沟通协调中，监理单位需要与施工单位保持良好的沟通渠道，及时传达监理要求和施工进度，解决出现的各种问题，确保施工按照规定进行。同时，监理单位还需要对施工单位的工作进行监督和检查，确保施工过程中不出现质量和安全隐患。

其次，在监理人员之间的配合协调中，不同监理人员之间可能负责不同的工作内容，需要相互配合，形成合力，共同推进施工监理工作。监理人员应该互相支持、互相协助，在工作中遇到问题时及时沟通，共同解决，确保监理工作的顺利进行。

最后，在监理与业主之间的沟通协调中，监理单位需要向业主及时报告工作进展和问题，听取业主意见和建议，保持业主满意度。同时，监理单位还需要协助业主解决工程建设中的各种问题，协调好业主与施工单位之间的关系，确保工程的顺利进行。

总之，协调工作是水利工程施工监理信息化过程中不可或缺的一环，只有做好各方面的协调工作，才能确保监理工作的顺利进行，最终实现工程建设的质量、进度和安全目标。

三、信息化应用

（一）BIM 技术应用

首先，BIM 技术可以帮助监理人员对工程施工过程进行全方位的模拟和分析。通过 BIM 软件，监理人员可以将工程设计图纸、施工方案等信息输入系统，实现对施工过程的三维可视化呈现。监理人员可以根据实时数据更新、进度计划等信息，对工程施工过程进行动态监控，及时发现问题并提出解决方案。

其次，BIM 技术还可以提高监理人员的工作效率。传统的监理工作往往需要大量的人力和时间来处理施工现场的各种问题，而借助 BIM 技术，监理人员可以在虚拟环境中快速定位问题，减少现场勘察和检查的时间，提高监理效率。

此外，BIM 技术还可以实现监理信息的集成和共享。监理人员可以通过 BIM 平台将工程设计、施工计划、材料清单等信息集成到一个系统中，实现各个部门之间的信息共享和协作。监理人员可以随时随地通过互联网获取最新的工程信息，提高监理工作的响应速度和决策效率。

综上所述，BIM 技术在水利工程施工监理中具有重要的应用价值，可以帮助监理人员实现对工程施工过程的全面监控和管理，提高监理效率和质量，推动监理工作向信息化和智能化的方向发展。

（二）监理信息系统

首先，监理信息系统可以实现监理数据的全面管理和统一存储。监理数据包括工程设计文件、施工图纸、技术规范、施工合同、施工进度计划、质量检测报告等各类监理相关的信息。通过信息系统的建设，监理人员可以方便地获取和查阅这些数据，提高监理工作的效率和准确性。

其次，监理信息系统可以实现监理文件的电子化管理。传统监理工作中，监理文件的管理往往是一项烦琐的工作，容易出现文件遗失或错置的情况。而通过信息系统，监理文件可以进行电子化管理，包括文件的扫描、分类、检索和备份等功能，有效避免了监理文件管理中的人为失误和漏洞。

再次，监理信息系统可以实现监理过程的规范化管理。监理工作涉及多个环节和多个专业，需要监理人员协调工作、及时沟通和汇报工作。信息系统可以实现监理过程的流程化管理，包括施工过程记录、问题整改跟踪、进度计划调整等功能，能够提高监理工作的透明度和效率。

最后，监理信息系统可以实现监理报告的自动生成和分析。监理报告是监理工作的重要成果之一，通过信息系统，监理人员可以方便地撰写监理报告，并生成格式统一的报告文档，同时监理信息系统还可以对监理数据进行统计分析，为监理工作提供决策支持和管理参考。

总的来说，监理信息系统的建设和应用可以有效提高水利工程施工监理工作的工作效率和监理质量，促进监理工作的规范化和专业化发展。监理人员应不断学习和掌握监理信息系统的使用技术，不断完善和提升监理信息系统的功能和性能，以适应监理工作的要求和发展需求。

（三）人工智能技术

首先，人工智能技术可以通过数据挖掘和分析，帮助监理人员及时发现工程施工中存在的风险和问题，提前采取有效的措施进行预防和处理。例如，通过对工程施工过程中的数据进行深度学习和模式识别，可以识别出施工过程中可能存在的安全隐患，帮助监理人员及时调整监管措施，确保施工安全。

其次，人工智能技术还可以应用于监理人员的决策支持系统中，通过大数据分析和智能算法帮助监理人员更科学地制定监理计划和控制方案。监理人员可以通过人工智能技术提供的数据模型和预测分析，准确预测工程施工的进度和质量，及时调整监理措施，确保工程的顺利进行。

最后，人工智能技术还可以应用于监理信息系统中，实现监理数据的自动采集、处理和分析，提高监理工作的数字化水平和自动化程度。监理人员可以通过监理信息系统实时获取工程施工的各项数据和信息，实现监理工作的全程监控和远程管理，提高监理工作的效率和便利性。

综上所述，人工智能技术的应用将为水利工程施工监理带来巨大的改变和提升，提高监理工作的智能化水平，实现监理管理信息化的目标。随着人工智能技术的不断发展和完善，相信在未来的水利工程施工监理中其将发挥越来越重要的作用。

四、监理服务

（一）监理流程优化

首先，监理流程优化应注重信息化技术的应用，通过建立监理信息系统，实现监理工作的数据共享和信息流畅。监理信息系统可以实现监理工作的在线化、实时化，监理人员可以通过系统查看工程文件、填写监理日志、进行工程验收等工作，提高监理工作的效率和准确性。

其次，监理流程优化需要加强监理与施工单位的沟通协调，建立健全的沟通机制和协作机制。监理人员应及时与施工单位沟通，协调解决工程问题和纠正工程质量不合格的情况，确保工程按照设计要求和监理规范进行施工。

此外，监理流程优化还需要加强监理工作的实时监控和反馈机制，及时发现和解决工程施工中存在的问题和风险。监理部门应加强对监理人员的培训和考核，提高监理人员的专业水平和监理工作的执行力，确保监理工作的科学性和有效性。

综合来看，监理流程优化是水利工程施工监理工作中的重要环节，通过信息化技术的应用、监理与施工单位的沟通协调和监理工作的实时监控和反馈，实现监理工作的规范化、高效化和科学化，提高监理工作的质量和效果。

（二）专业监理人员培训

在水利工程施工监理信息化的过程中，专业监理人员的培训显得尤为重要。只有经过专业培训的监理人员才能胜任监理工作，并保障工程建设的质量和安全。监理人员需要具备丰富的专业知识和临场经验，能够准确把握工程施工的关键节点，及时发现和解决施工中的问题，确保工程按照设计要求和合同约定进行。

监理人员的培训内容应该包括水利工程相关的法律法规、施工工艺和方法、监理技术要点等方面的知识。此外，监理人员还需要掌握一定的沟通协调能力和解决问题的能力，能够应对各种突发情况，确保工程施工的顺利进行。

针对监理人员的培训应该是持续的、及时的。监理机构可以组织各类培训班、讲座和实践活动，不断提升监理人员的专业水平和业务能力。同时，监理人员还可以通过参加行业会议、交流学习和实际工程实践来提高自身的监理能力。

专业监理人员的培训不仅有利于提升监理服务的质量和水平，也能够增强监理人员的职业素养和责任意识，让他们更好地履行监理职责，为水利工程施工的顺利进行提供有力保障。因此，在推进水利工程施工监理信息化的过程中，应该重视监理人员的培训工作，不断完善培训体系，提升监理队伍的整体素质和竞争力。

（三）建立监理标准化体系

随着水利工程施工监理的发展和进步，建立监理标准化体系已经成为当前水利工程施工监理信息化的重要任务之一。监理标准化体系是指依据相关法律法规和监理规范，制定一系列监理标准和规程，确保监理工作的规范性、有效性和可持续性。

首先，建立监理标准化体系可以提高监理工作的质量和效率。明确监理人员的职责和权限，规范监理过程和程序，确保监理工作按照标准化的要求进行，可以有效避免监理工作存在的漏洞，保障工程施工的质量和安全。

其次，监理标准化体系可以提升监理服务的水平和市场竞争力。建立完善的监理标准化体系，可以提高监理人员的专业素养和技术水平，增强监理机构的行业声誉和竞争实力，吸引更多优秀的监理人才加入监理队伍，为水利工程施工提供更加专业化和高效的监理服务。

同时，监理标准化体系还可以促进监理信息化技术的应用和推广。监理标准化体系的建立需要依托信息化技术，通过监理信息系统、BIM 技术应用和人工智能技术等工具和平台，实现监理数据的采集、管理和分析，提升监理工作的数字化水平和智能化能力，推动监理工作向全面信息化发展。

总之，建立监理标准化体系是当前水利工程施工监理信息化的必然趋势和重要举措。只有不断完善监理标准化体系，规范监理行为，提高监理服务的质量和水平，才能更好地推动水利工程施工的可持续发展。期待未来监理领域在标准化体系建设方面取得更大的成就，为我国水利工程施工监理信息化事业贡献更大的力量。

参考文献

[1] 王军，等．基于 BIM 技术的水利工程监理信息化研究 [J]．工程管理，2018（5）：35–39．
[2] 李明．水利工程施工监理信息化研究与实践 [J]．中国水利，2019（3）：55–59．
[3] 张华，等．智能化时代水利工程施工监理的信息化运用 [J]．水利工程管理，2017（8）：45–48．
[4] 刘丽．监理服务在水利工程建设中的重要性及应用 [J]．水利机械与电子技术，2016（4）：56–60．
[5] 黄强，等．人工智能技术在水利工程施工监理中的应用研究 [J]．中国水利水电科学研究院学报，2018，16（3）：65–69．
[6] LIU J，ZHANG Q，CHEN H．Application of BIM technology in construction supervision of water conservancy projects[J]．Journal of Construction Engineering and Management，2019，145（1）：04018108．
[7] LI X，et al．Intelligent supervision system based on artificial intelligence algorithm for water conservancy projects[J]．International Journal of Engineering Research and Development，2017，9（7），58–64．
[8] 张明．水利工程建设监理现代化思考 [J]．中国城市建设，2015（11）：68–72．
[9] 黄晨，等．施工监理信息化在水利工程中的应用与研究 [J]．水利水电技术，2016（5）：42–45．
[10] 王伟．水利工程施工监理信息化中的安全管理研究 [J]．中国水利建设，2018（6）：52–56．

发挥行业协会作用，构建建设工程监理服务费用测算规则

王章虎
合肥工业大学设计院（集团）有限公司

摘　要：本文从发挥行业协会作用角度出发，论证了制定工程监理服务费用测算规则的必要性，分析并建立了工程监理服务费用的构成和测算规则，为科学合理测算建设工程监理服务费用，开展工程监理行业自律与信用管理提供了依据。

关键词：工程监理服务费用；构成；测算规则；协会作用

随着社会主义市场经济不断完善，市场在资源配置中起着决定作用；2015年，《国家发展改革委关于进一步放开建设项目专业服务价格的通知》（发改价格〔2015〕299号）出台，标志着建设工程监理费用取消了政府指导价，开始实行市场调节价。近年来，监理市场出现建设工程监理费用无计算依据、无序竞争、恶意压价，甚至低于成本价的混乱现象，严重影响了监理行业健康发展，对工程质量和安全构成威胁。为规范监理市场，确保工程质量和安全，促进工程监理行业高质量发展，制定科学合理的工程监理服务费用测算规则迫在眉睫。

一、制定工程监理服务费用测算规则的必要性

（一）工程监理服务费用客观存在

工程监理是有偿的服务活动，从监理单位讲，在监理服务中所收取的监理服务费用是企业生存和发展的必要条件。工程监理服务费用不仅客观存在，而且有其自身构成的特点和规律，它不同于产品价格的构成，也不同于工程建安费用，它有特定的工程监理服务要求的要素，同时也具有服务价值体现的特点。对于不同的项目有不同的监理服务要求，不同的监理单位开展监理服务的能力水平也存在差异，导致工程监理服务费用很难制定统一的费用标准。

（二）只能制定测算规则不能制定价格标准

在实行市场调节价的背景下，监理市场存在恶意低价、无序竞争等乱象，为扭转这种现象，不少省、市及行业协会纷纷采取“划红线，定基价”的举措。国家发展改革委于2017年7月20日发布的《行业协会价格行为指南》，给行业协会指出了涉及行业价格行为的诸多法律风险，“划红线，定基价”的做法，与现有的法律法规存在相冲突的法律风险。面对价格行为这个具有法律风险的敏感问题，行业协会如何在促进行业健康发展、维护市场价格秩序和公平竞争等方面充分发挥作用？研究工程监理服务费用要素构成，制定科学合理监理服务费用测算规则，是在实行市场调节价背景下行业亟须研究解决的课题，坚持行业协会“只定规则，不定价格”，监理企业“依规测算，自主定价”的目标导向，既能发挥市场在资源配置中的决定作用，

又能更好地发挥行业协会的作用。

（三）制定测算规则是市场和行业管理的需要

制定工程监理服务费用测算规则，不仅可以为监理单位对工程监理投标报价、成本测算、企业生产经营和财务管理等方面提供有效方法与依据，而且还能为建设单位在项目投资估算、概算确定工程监理费用和确定工程监理招标控制价，或商定监理合同费用提供科学合理的测算规则。同时，也为行业进行自律管理、构建有序监理市场提供了有效抓手。有了科学合理的测算规则，加上行业协会定期发布相关费用信息，就能够对某个项目在特定的时期、地区及合同要求下，测算出工程监理服务成本价，为行业遏制低于成本价竞标提供有力支撑。

二、建设工程监理服务费用的构成

工程监理服务费用主要用于完成项目监理服务现场监理机构的直接投入、工程监理单位为组织监理生产经营活动而发生的间接投入、支付税金和运作工程监理单位发展基金，以及投资人应取得的相关收益等。从这个角度考虑，建设工程监理服务费用的构成包括：

1. 项目监理直接费（A）。是工程监理单位开展监理工作现场监理机构所需要直接投入的费用，包括：项目监理机构人员费用（F_r），项目监理机构配备的工器具费用（F_g），项目监理机构配备的固定资产设施折旧费用（F_z）和办公、交通、生活等设施租赁使用费用（F_s）。

2. 项目监理间接费（B）。是工程监理单位为组织监理生产经营活动而发生的间接投入，或称“监理单位综合管理费用”。包括：监理单位管理人员费用，经营业务费用，办公费用，职工工会、教育、福利费用，其他固定资产及常用工器具、车辆使用费，咨询、新技术开发、专有技术使用费，其他等。

3. 项目利润（L）。是项目工程监理服务的收入扣除直接费用、间接费用和税金之后的余额。监理单位要有适当的利润，才能保证工程监理单位必要的发展基金和企业投资人应有的投资回报等。

4. 税金（T）。是工程监理单位作为经营企业按照国家规定应缴纳的税费。

三、工程监理服务费用的测算

（一）项目监理直接费测算

项目监理直接费测算应以工程监理服务要求为依据。工程监理服务要求明确了现场监理机构的资源配置，包括：现场监理机构各类人员层次和数量，配备的工器具，办公、交通、生活等设施要求，以及正常工作服务期限等。工程监理服务要求有两个层次，一是国家法律法规标准规范的规定要求，二是市场中建设单位的合同要求。规定要求是最低或最基本的要求，合同要求应不低于规定要求，如果合同要求低于规定要求，监理合同应是无效合同，并不能解除工程监理规定要求的责任。工程监理服务要求应以有效合同要求为准，在合同要求不明确或无要求时，以规定要求为准。

项目监理直接费（A）可按式（1）测算：

$$A=F_r+F_g+F_z+F_s \qquad (1)$$

项目监理机构人员费用 F_r 是指工程监理单位为项目监理机构配备的，包括总监理工程师、总监理工程师代表、专业监理工程师、监理员和其他辅助人员等所有人员的应付工资和工资性补贴、绩效奖金、五险一金、意外伤害保险（商业）或工伤支出、企业年金等（以各类人员的综合人月费表示），可按式（2）测算：

$$F_r=CT_c+RT_r+\sum_{i=1}^{n1}Z_iT_i+\sum_{j=1}^{n2}S_jT_j+\sum_{k=1}^{n3}Q_kT_k \qquad (2)$$

式中 C——总监理工程师综合人月费；

T_c——总监理工程师服务期限（月数）；

R——总监理工程师代表综合人月费；

T_r——总监理工程师代表服务期限（月数）；

Z_i——第 i 个专业监理工程师综合人月费；

T_i——第 i 个专业监理工程师服务期限（月数）；

S_j——第 j 个监理员综合人月费；

T_j——第 j 个监理员服务期限（月数）；

Q_k——第 k 个其他辅助人员综合人月费；

T_k——第 k 个其他辅助人员服务期限（月数）。

$n1$、$n2$、$n3$ 分别为专业监理工程师、监理员、其他辅助人员配备的数量。

配备的工器具费用 F_g 是指工程监理单位为项目监理机构配备的测量、检查、检测、办公、交通、生活等低值工器具（不作为固定资产的设施设备）的购置费用。配备的固定资产设施折旧费用 F_z 是指工程监理单位为项目监理机构配备的检测、办公、交通、生活等各类固定资产按照规定的折旧费。办公、交通、生活等设施租赁使用费用 F_s 是指项目监理机构采取租赁方式租赁办公、交通、生活等设施所需要的费用。它们可根据工程监理服务要求配置情况和市场价格信息据实测算。

（二）项目监理间接费测算

对于不同的工程监理单位可依据企业每年的财务报表计算出每年企业总的综合管理费用 $\sum B$ 和企业总的项目监理直接费用 $\sum A$，可按式（3）计算出每年的综合管理费率 P。

$$P=\sum B/\sum A \quad (3)$$

工程监理单位，依据企业近几年企业综合管理费率 P_i 进行修订，可确定某年度企业综合管理费率 P。可按式（4）测算该年度项目监理间接费 B。

$$B=A\times P \quad (4)$$

（三）项目利润测算

监理企业可按年度财务报表测算企业销售利润率和成本利润率，进而制定出某年度企业成本利润率 r，可按式（5）测算年度项目监理服务费用中项目利润 L。

$$L=(A+B)\times r\times 100\% \quad (5)$$

（四）税金计算

工程监理单位监理服务属于技术服务范畴，可以根据国家规定的不同类型的监理企业应缴纳的企业税率 T_r，可按式（6）计算项目监理服务费用的税金 T。

$$T=(A+B+L)\times T_r\times 100\%/(1-T_r) \quad (6)$$

（五）建设工程监理服务费用的确定

对于某一建设工程项目，建设工程监理服务费用包括正常工作酬金、附加工作酬金和奖励金。正常工作酬金应是项目监理直接费 A、间接费 B、项目利润 L 和税金 T 之和。附加工作酬金主要包括除不可抗力外，因非监理人原因导致监理人履行合同期限延长所需要的监理费用称为“延期附加工作酬金”，合同生效后，除不可抗力外，因非监理人原因导致监理工作无法正常进行，其善后工作以及恢复服务的准备工作所需要的费用称为“善后恢复附加工作酬金”；“延期附加工作酬金”可以按照正常工作酬金测算方式进行测算，也可按照服务时间比例测算。“善后恢复附加工作酬金”可以由建设单位与监理单位协商，在监理委托合同的专用条件中约定。奖励金是指监理单位在服务过程中提出的合理化建议被采纳后，使建设单位获得经济效益，建设单位给予监理单位的奖励金额。一般可按建设单位获得的经济效益的一定比例予以奖励，其比例可以由建设单位与监理单位协商，在监理委托合同的专用条件中约定。

四、充分发挥行业协会的作用

（一）制定建设工程监理相关标准

行业协会要在国家法律法规和标准规范的基础上，结合行业特点和发展要求，开展工程监理服务要求的研究，制定相关的规定要求标准，以便在无具体合同要求时，工程监理行业能有开展监理服务工作的标准，进而可以据此测算工程监理服务费用。内容可包括：工程监理服务费用测算规则、各类建设项目工程监理工作标准、工程监理人员配置标准（含最低配置标准）、工程监理工器具配置标准（含最低配置标准）等。

（二）开展调研，定期发布涉及费用测算的价格信息

行业协会要成立专门机构，根据本地区经济社会和市场主体发展情况，组织力量开展工程监理服务费用测算相关价格信息的调研，定期发布本地区各类监理人员综合人月费价格信息，包括“行业最低综合人月费”“行业平均水平综合人月费”；按照不同的企业性质（资质等级、投资性质等）定期发布行业企业综合管理费率区间，或发布行业平均水平综合管理费率、行业最低综合管理费率；开展监理企业利润调研，了解所在地区监理企业近些年企业利润整体情况，结合当地物价水平、投资资金的时间价值及企业需要的发展基金，综合确定相对合理的工程监理行业销售利润率，进而确定出合理的监理行业成本利润率。

行业协会定期发布的本地区行业平均水平综合人月费、综合管理费率和成本利润率，可用于建设单位在建设项目投资估算、概算或招标时监理服务费用的测算；发布的本地区行业最低综合人月费、最低综合管理费率可为行业协会开展行业自律、遏制低于成本价竞标提供依据。

（三）开展工程监理行业自律与信用管理

行业协会要成立行业自律委员会，制定科学合理的行业自律公约及有关行业自律管理制度（含违约惩戒等规定），开展自律案件受理调查、行业自律专项检查。通过工程监理服务费用的测算规则，测算建设项目工程监理服务成本价，遏制低于成本价竞标，包括抵制建设单位设置低于成本价的监理招标及委托会员单位投标报价，或签订监理合同低于成本价等行为。开展行业信用体系建设，注重行业信用信息的采集、公布；开展行业信用评价，并注重信用评价的结果应用。通过行业自律和信用管理，维护工程监理市场价格秩序和公平竞争，促进监理行业健康发展。

参考文献

[1] 刘兴东，张瑾．监理服务费的构成及其分析[J]．建设监理，1991（2）：8–10．
[2] 罗小慧．监理成本浅谈[J]．建设监理，2001（2）：51–53．
[3] 李守继，王章虎．建设工程监理[M]．合肥：合肥工业大学出版社，2016．
[4] 王章虎．建设工程监理服务费用的构成与测算分析[J]．建设监理，2023（8）：10–11，19．

高质量监理与现场科学管控探索

刘俊荣 杨晓东 李 晶
山西震益工程建设监理有限公司

摘 要：现场科学管控与工程质量有着直接的关系。随着企业工程建设的发展与技术进步，相关的规章制度也在不断优化与完善，对监理提出了更高的要求，监理必须公正、独立地解决现场问题，认真执行监理制度，做好设备安装进度、质量、成本、变更控制，要求施工单位做好自检自查的同时，对重点部位、关键工序进行复查，保证工程质量符合规范要求。如何保证施工方案顺利实施、资源的调配是否符合标准，以及施工现场可能出现的安全隐患，等等，都是监理一直在关注和解决的问题。本文对高质量监理与现场科学管控创新相互促进作用的关系进行了探讨，以促进监理机构在工程项目实施全过程中，充分发挥高质量监理作用，全面提升工程的施工质量。

关键词：工程项目建设；高质量监理；现场科学管控；创新

随着我国社会经济进入高质量发展新阶段，针对工程项目建设施工实施更为科学的高质量监理手段，已经成为整个行业发展的必然要求。现代企业工程建设施工过程较为复杂，科学技术与施工模式也在不断发展，组织实施的工艺流程与技术环节都可能对工程质量产生影响，而工程质量又是决定工程建设水平及提高企业效益的根本。因此，高质量监理也同样成为工程建设的重要组成部分。当前，实现高质量发展是我国经济发展的战略方针，而提高全要素生产率是高质量发展的核心途径。工程项目建设施工监理实施科学的高质量现场科学管控，是工程项目提高质量的迫切需要与重要保证。为此，有必要对高质量监理与现场科学管控的关系进行深入分析和正确认识。

一、高质量监理是推动施工现场科学管控的重要保证

高质量发展新阶段对工程监理提出了新要求，即必须实施高质量监理，推动施工现场科学管控。一个工程项目建设的开展，其制定的施工技术方案往往与实际生产规模之间会存在一定的偏差。工程监理需要对其采用的施工技术做好分析统计，找出其中可能存在的薄弱环节或不足之处并予以完善，以便推动技术创新的进一步发展，提高施工技术水平，保障工程建设施工质量全面提升。

（一）现场科学管控是高质量监理的重要保障

高质量监理与施工现场科学管控有着密不可分的关系。现场科学管控是实现高质量监理的基础，也是工程质量达到设计技术要求的保障。监理人员在工程项目施工之前，必须对施工技术进行全面的分析检测、监督并指导施工单位完善施工过程中所采取的措施和技术，做到心中有数、严密细致、科学管控、动态跟踪，达到全过程符合图纸规范和设计要求，保障施工的质量，防止出现技术偏差。2021 年 12 月，某太钢不锈冷轧取向硅钢建设项目，物流线全长 168m，68 跨各安装 1 块厚度 10mm × 400mm 方形定位块。在验收

轨道及3台子母车时，笔者发现子母车定位锥销与物流北侧壁定位块碰触时定位块松动，笔者立即查阅安装图纸（图纸要求每个定位块的预埋板上焊接9条锚入深度400mm的钢筋），并对所有定位块进行检查，发现3处定位块预留板（没有焊接锚固件）已脱落至地面，笔者使用工具对所有定位块作敲击检查发现声音异常，及时向项目总监汇报，随后要求施工单位制定整改方案，经业主、监理、施工单位三方确认通过后，施工人员立即组织对68处预埋件植入化学螺栓、专用凝固胶进行整改，经拉拔试验后符合技术要求，避免了一起重大质量事故，为公司保证工程安装质量赢得了信誉。

（二）高质量监理与创新施工技术相互促进

高质量监理与施工技术是相辅相成、相互促进的关系。高质量监理工作的不断完善，可以促进施工技术在实践中不断创新，以提高施工技术水平，推动现代工程建设行业的发展。在施工过程中，监理人员需要按照我国现行的标准与要求对施工技术加强监督，若发现施工过程中技术存在不足之处，应及时要求施工人员停止操作，并对其进行全面检测分析，在原有施工技术基础上进行改进创新，以此来提高施工技术水平，使之符合图纸的工艺要求。若有其他特殊备注施工要求，不影响施工质量的新技术也可以建议施工方采纳，提高技术储备与工程建设实施的工作效率，让施工技术与进度之间形成良性循环，使监理与施工人员在技术水平上得到提高。2022年8月5日，中厚板项目施工人员对双边剪移动侧进行静压系统调试试验时，技术要求设备运行时4条轨道东西两侧8个部位同时将150t的机身统一顶升0.04~0.05mm，相关人员3次试验均因东南部百分表显示数值0、动作不一致而失败。当时笔者在现场检查，发现液压系统各管路及施工人员使用的量具存在测量触点灵敏度低、反映数据不真实的问题，果断提出更换2块百分表头、清理过滤器、调整东南部位油压后再次试验，结果8个部位的顶升数据控制在0.05mm范围内，误差±0.015mm，最终获得试验成功。

（三）高质量监理在现场科学管控中实现

在高质量发展新阶段，许多工程项目都采用了更加先进的技术与装备，有些技术与装备是监理、施工人员没有接触过的。因此，首先要提高监理人员的专业再学习能力和监理技术水平，以便实现高质量、高水平的监理。这样，可促使施工方也要不断提高自身的技术水平。监理单位也会在不断创新发展的技术中得到改进与提升，双方共同努力，探索采用更为先进的监督与施工管理的方法，掌握更为先进的施工技术，以实现高质量监理和创新现场施工技术为共同目标。2023年6月16日，太钢不锈钢4300mm中厚板精整区翻板机进入安装调试阶段，通常利用单、双四连杆曲柄摇杆式电动翻板机来对钢板进行翻面，此结构翻板机虽然翻板可靠、接送钢板平稳，但必须通过电动机、减速器、曲柄摇杆机来驱动前后翻臂转动实现翻板，制造难度大、安装精度要求较高。4300mm中厚板精整区翻板机占地面积较大、设备运输困难，零部件到货是散件，连杆长度可调节。施工过程中笔者发现曲柄角度、连杆长度不符合设计要求，转臂角度达不到翻板机工艺要求。针对现状，笔者和施工技术人员沟通，积极想办法，采用三维软件模拟位置仿真，确定曲柄与减速器输出轴装配角度，确定连杆安装尺寸、角度，将确定的最佳方案应用到设备安装调试中，保证了工艺要求，最终实现了翻板机高精度的转臂翻转。

笔者在监理山西太钢不锈热轧厂中厚板生产线智能化升级改造项目中，对高质量监理与现场科学管控有深刻的感受。该建设项目主要包括4300mm中厚板轧制、剪切等设备安装。剪切区域设备关键技术部位定位在双边剪、定尺剪，其配套机械设备零部件的安装过程中，几何精度、位置精度、工作精度等必须满足图纸技术要求。笔者提前熟悉专业图纸、技术要求及执行标准，每天深入现场事前主动控制，对全过程进行控制，依据掌握的知识提出合理建议，保证设备安装质量符合图纸规范要求。2022年5月16日，双边剪安装调整夹送辊（上、下各4组），为保证8只夹送辊轴线满足空间几何精度、位置精度，笔者改进安装检测方法，将4只下夹送辊（基准）由原来的端面找平调整为径向打摆（空间小使用杠杆表），保证8只夹送辊平行度、垂直度控制在0.05mm之内，此方法得到甲方、施工方及一线技术人员的一致认可。采用此方法提高了设备安装精度、缩短了设备安装施工工期，设备试车、过钢一次合格。这项监理工作使笔者认识到：树立高质量监理理念非常重要，不仅可实现现场科学管控，而且能提高施工工作效率，同时有助于施工人员拓宽视野，了解并掌握新技术、新工艺的要点、难点，与之相适应，监理人员也提高了监理水平。

二、高质量监理与现场施工科学管控的有效途径

一个企业要快速发展，必须拥有先进的技术与装备，而这些新技术项目施工质量的好坏，将直接影响企业的发展目标能否实现。因此，建立和完善高质量监理机制与实施方法，推进施工现场科学管控创新发展，是保证新技术项目质量的必要措施。

（一）提升监理人员与现场施工人员综合素质

监理企业和监理人员树立高质量监理理念是实现高质量监理的保证。目前，个别监理工作中存在质量观念淡漠、被动检查的表面化和形式化的倾向，甚至有的监理人员一人兼职多个工程项目，无法专业化地对整个项目全程监管。随着工程建设施工工艺及执行标准不断更新换代，监理人员与施工人员要不断提高专业技术水平与现场监理综合能力，以保障工程施工的质量。专业的理论知识是立身之本，在监理工作过程中需要和业主、承包商、设计方、施工方、行政主管部门等各方人员协调沟通，因此，监理人员协调沟通的能力也非常关键，在不同的场合与沟通对象应心平气和地沟通交流并掌控局面。认真做好监理人员岗前培训，要培训技术，也要培训沟通能力，提高监理处理现场质量问题的能力。制定必要的考核标准，健全激励机制，激发监理人员的工作热情，促进工程建设项目高质量、高效率的全面提升。例如2022年7月11日，面对太钢不锈钢热轧中厚板生产线智能化改造项目先进设备引进，设备安装调试验收出现的新难题：钢板经定尺剪切后输出与横移之间需要进行90°转动，工艺要求输入辊道后段（H13–H16）需要增加提升装置，为防止钢板窜动，4组辊道中心线整体轴线与剪切中心线旋转3°，技术要求的特殊性传统安装方法不适用，施工人员无从下手。笔者查阅有关资料和知识，与二十冶集团技术人员分析图纸，采取以剪切中心线为基准，在4组辊道侧端设辅助线，利用全站仪分别在H12、H17辊设基准点，分别计算每组首位辊偏斜3°测量点的数据，指导现场施工人员安装调试，在大家共同努力下，4组输入辊道的工作精度、几何精度完全符合工艺要求。

（二）强化工程项目施工前准备工作

做好施工前期准备工作是实现高质量监理的前提，在工程项目开工之前，严格按照施工准备阶段监理程序，做好施工前准备工作，包括组织、技术、物料、场地等；施工项目开工之后，强化施工准备工作，按照施工各个阶段监理的工作程序，结合每个分部、分项工程的实际特征，以及相关施工技术要点编制监理实施细则，在工作范围内有序开展监理工作。2022年10月，中厚板智能升级项目酸洗线混酸3段安装空竹辊（23只），酸洗过程主要采用硝酸与氢氟酸两种酸液，生产工艺对空竹辊的材质要求严格（韧性好、耐磨、耐腐蚀），在材料进场前，笔者对项目部购备件进行审核，发现来料材质为316不锈钢，该材料防腐性能较差，酸洗过程无法满足图纸设计的工艺要求，建议更换为1.4591不锈钢。经和业主、供货商沟通协商后，供货商将23只空竹辊全部返厂后更换材质加班赶制，最终将合格的空竹辊送到现场，安装使用满足了图纸工艺要求。

（三）提高工程质量科学监管水平

提高工程质量科学监管水平是实现高质量监理的关键。根据施工技术标准对施工单位的施工内容进行现场监管，对工程建设的整体施工质量进行管控，确保施工效率与施工质量得到全面提升。针对现场施工技术进行分析、判断，合理调整工作内容，改善施工现场材料与工艺技术管控状况，达到提高工程建设项目施工质量的目的。在与施工方同步监理的过程中提高建设施工行业整体水平，做到现场管控监理与施工技术双向促进、共同发展。太钢不锈热轧厂中厚板生产线智能化升级改造项目，自2021年5月18日投资（22亿元）以来，采用国内外先进技术，引进先进设备，包括4300mm中厚板轧制线、剪切线、不锈钢固溶线、酸洗线（含两台抛丸机组加立式酸洗）、研磨线、包装线、碳钢热处理线等，核心设备四辊轧机最大轧制力109MN，是迄今为止建造能力最强中厚板轧机。为实现不锈钢中厚板产量、质量双达标的生产模式，监理站全体人员从审图、核量、现场安装等方面，全过程严把施工质量，解决各种复杂问题，针对安装过程中出现的问题给施工单位下达整改通知单限期整改，整改验收合格再进入下道工序。不锈热轧厂中厚板生产线智能化升级改造项目仅用一年零四个月的时间就完成全部工程建设及设备安装调试，2022年9月15日实现了不锈钢中厚板全部生产线顺利投产。

（四）强化工程施工进度控制

严格控制工程项目施工进度是实现高质量监理的重要环节。时间就是效益，监理人员应该按工程施工总进度计划对各个分项进行检查跟踪、分析对比、协调管控，制定年、季、月、周计划，每

天对已完成的实际工程量进行记录。定期召开质量例会，对每周完成项目、进度、计划与质量进行分析，找出问题发生原因，采取合理的整改措施，对被影响的工期进度进行补救。强化进度控制，做好预见性的控制和现场科学管控，减少事后调整补救。针对可能出现脱节、相互干扰等情况的交叉作业，做好工序交接、材料供应，并对各个施工环节提前分析预判。在设备安装高峰期，轧机、剪切、冷床、固溶等设备调试同时进行，监理站在人员少、任务重的情况下，按时间、节点分类编排进度，制定好施工验收方案，保障工程项目按计划进度组织实施。

（五）完善监督标准和管理制度

不断健全监理标准与完善管理制度是实现高质量监理的重要方法。虽然国家制定了一系列相关监理标准，但有一些细节还不能完全覆盖，特别是在一些新技术项目中难免有不周全的地方。因此，在监理过程中要不断地发现、总结、提升，使之完善，从制度上、标准上保证高质量监理的实现。例如，监理站在太钢不锈钢热轧中厚板项目监理过程中，根据实际情况，在完善监督标准与修订管理制度方面做了大量工作，根据施工现场实际补充制定了《安全“十不站”》《人员行走安全规范》等制度。每位监理工程师严格执行一岗双责，既对所在的岗位承担的业务工作负责（三控两管一协调），又对所在岗位承担的安全责任负责。对施工队伍管理、材料管理、施工机械设备生产效率、变更及时签证、安全文明生产意识等全方位进行监理现场管控。同时，根据施工队伍实际施工技术水平，补充完善并细化技术监督标准、规章制度，制定合理的奖罚机制，明确处罚细节，对检查出有违规的行为，第一时间拍照记录并制止；坚持以人为本，警示教育为主，处罚为辅的原则，使技术监督工作有章可依。质量例会上进行通报批评，根据激励制度作出相应的惩罚。由于完善了标准，补充了制度，采用全方位的现场施工监理方法，监理部整体管理水平得到了提高，有效完成了不锈钢热轧中厚板项目监理任务。

结语

在我国推动经济高质量发展的背景下，工程项目建设对监理提出了更高要求——实施高质量监理与现场科学管控的创新。工程监理战线应适应新要求，迎接新挑战，树立高质量监理理念，加强高质量监理与现场施工科学管控工作的探索与创新。实践表明：监理企业和监理人员树立高质量监理理念是实现高质量监理的保证；做好施工前期准备工作是实现高质量监理的前提；提高对工程质量现场科学监管水平是实现高质量监理的关键；严格控制工程项目施工进度是实现高质量监理的重要环节；不断健全监理标准与完善管理制度是实现高质量监理的重要方法。我们要在今后的监理生产实践中认真积累经验、总结规律，推动工程项目建设监理工作不断地持续创新，为我国监理企业高质量发展作出贡献。

以事故处理案例分析安全监理职责

赵 云 李伟林
北京希达工程管理咨询有限公司

摘 要：近年来，建筑行业发展迅速，国家出台了一系列建设工程安全生产的法律法规和政策。监理企业和相关人员的安全职责也随之扩大，监理企业的安全责任面临着越来越大的风险。为了保障监理企业和个人的利益，我们需要根据过往事故案例的分析，制定有效措施来确保监理企业切实履行安全责任、规避安全生产责任风险，使企业和个人做好安全监理工作。
关键词：安全监理；案例分析；监理职责；应对措施

案例 1

2007 年 8 月 13 日下午 4 时 45 分，在湖南省凤凰县堤溪沱江大桥发生了一起严重的坍塌事故，直接经济损失高达 3974.7 万元。事故起因是因为大桥主拱圈的砌筑材料未达到规范和设计要求，上部施工工序安排不合理，主拱圈砌筑质量较差，导致整体结构性能和强度下降。随着拱桥上的荷载不断增加，1 号孔主拱圈附近的 2 号腹拱下拱脚区段的砌体强度达到破坏极限而发生坍塌，最终导致整座大桥快速倒塌。

此项目工程监理单位未能及时阻止施工单位擅自更改原主拱圈施工方案，发现主拱圈施工质量问题时未能积极督促整改，并且在主拱圈砌筑尚未完成，且还未得到强度资料的情况下，监理单位提前签字验收认为符合要求。

案例 2

2023 年 7 月 23 日 下 午 2 时 52 分，位于黑龙江省齐齐哈尔市龙沙区的齐齐哈尔市第三十四中学校体育馆屋顶发生严重坍塌事故，直接经济损失高达 1254.1 万元。

监理单位未有效落实质量和安全生产主体责任，现场监理人员不足以满足监理工作需求，未能及时发现施工单位备案管理人员未到岗履职、现场项目经理没有执业资格却擅自施工等违法行为，也未严格监督隐蔽工程施工过程，并伪造了工程监理资料。

案例 3

2021 年 2 月 8 日上午 10 时 4 分，在深圳市龙岗区坪地街道高中园在建项目工地发生了一起机械事故，造成 1 人死亡。

经调查，此项目监理部履行了安全管理岗位职责，监理人员具备相关的执业资格，按要求制定了监理规划、监理实施细则，并严格按照规定进行。旁站和检查；监理部还建立了监理例会和监理周报制度，定期组织现场的安全周检查，并举行安全总结会。同时，监理根据施工方案要求施工单位落实旋挖钻机的防护措施。综上所述，监理公司已经履行了安全管理职责，建议不对其进行处罚。

以上案例，呈现出监理企业存在安全管理漏洞和体系不完善的情况，公司主要负责人对安全工作缺乏重视，各级管理人员安全职责分工不明确，违背了“三管三必须”的原则。项目总监未有效重视现场安全管理工作，员工安全知识匮乏，安全意识淡薄，未能达到全员“一岗双责”的标准。在整个建筑市场上，项目施工方往往将投资和工期控制放在首位，常常牺牲或忽视安全生产管理，导致安全事故频发。

公司及监理项目部应严格按照已经编审通过的专项方案及相关应急预案进行施工，监理单位应在作业前核查作业人员资质，检查其安全技术交底、安全教育记录和班前讲话记录等教育交底资料。作业过程中监理人员应进行旁站，确保施工安全防护措施落实到位，施工单位安全人员在岗履职。发现存在隐患时应及时制止，并通过监理通知单等要求施工单位限期整改。存在生产安全重大事故隐患时，应及时上报总监并下发工程暂停令，责令施工单位限期整改。未能完成整改及时消除隐患的，应上报建设单位和相关行政主管部门。

事故发生后，监理单位现场人员应立即报告本单位负责人，督促施工单位对现场进行应急处置，配合其进行事故现场的处理和事故情况的通报传达，上报有关主管部门，并在事故后配合有关单位和部门进行事故调查。

值得一提的是，在案例3中，监理企业在项目安全监理过程中遵守规定，履行了安全管理职责，因此未被处罚。为了提升监理企业的安全管理水平并规避安全监理责任，有必要采取以下措施：

1. 加强管理层领导意识：监理企业的管理层应树立安全第一的理念，将安全管理放在工作的首位，充分重视安全工作的重要性。

2. 完善安全管理体系：建立健全的安全管理体系，包括制定明确的安全管理制度和规范，确保各项安全管理措施得到有效贯彻和执行。

3. 强化监理人员安全教育培训：为监理人员提供必要的安全教育培训，提升他们的安全意识和安全技能，使其能够有效履行安全监理职责。

4. 加强对施工现场的全面监督：确保安全生产全过程、全方位的监管，做到事前预防、事中控制、事后检查全覆盖，并定期进行安全风险清查和隐患排查。

5. 强调责任落实：明确各级管理人员和监理人员的安全管理责任，建立健全的责任追究机制，对安全责任落实不到位的个人进行严肃处理，确保安全工作得到有效推进。通过以上措施的全面实施，监理企业可以有效提升安全管理水平，规避安全监理责任，确保项目安全生产和人员安全。

一、监理企业如何落实安全主体责任

1. 根据《中华人民共和国安全生产法》《建设工程安全生产管理条例》，以及《关于落实建设工程安全生产监理责任的若干意见》（建市〔2006〕248号）的要求，监理单位应当建立健全的安全监理保证体系，制定并执行监理安全责任的各项规章制度。文件明确规定企业的法定代表人（主要负责人）、安全主管领导、各职能部门、项目总监，以及监理人员都必须承担安全责任。

2. 监理企业的法定代表人应当设立安全生产管理委员会，确立并严格执行全员安全生产责任制度，加强安全生产标准化建设，制定并执行各项安全生产规章制度。

3. 监理企业的法定代表人需承担对本企业所有工程监理项目的全面安全责任，根据公司规定的安全生产责任制度和相关管理规定，制定并批准安全生产年度工作计划、安全培训计划和项目安全检查计划。应定期主持公司安全生产管理委员会会议，听取各职能部门负责人和管理人员关于安全工作的汇报，了解各监理项目的安全管理情况，并提出必要的改进建议。

4. 制定并执行季度安全考核计划，明确企业内部各项目监理机构在履行监理安全责任方面的考核标准，规范各项目监理机构的安全监理工作流程。

5. 监理企业的安全管理部门根据年度安全检查计划，对所有受监工程的安全状况及各监理机构的安全措施进行全面检查。企业的主要负责人亲自率领安全管理领导团队对各项目进行全面检查，随后撰写检查报告，并要求项目总监及时整改并回复。

6. 建立规范的安全监理工作程序和考核标准，有效预防由于监理单位和监理工程师未恪尽职守而引发的风险。

二、加强项目监理机构的安全监理工作

1. 监理单位应根据《建设工程安全生产管理条例》的规定，依据工程建设强制性标准、建设工程监理规范和相关行业监理规范要求，制定监理计划，其中包括明确监理安全责任内容。监理计划应明确安全监理工作的范围、目标、内容、工作程序和制度措施，以及人员配备计划和职责等。针对涉及危险性较大和超过一定规模的分部分项工程，监理单位需编制安全监理实施细则，其中必须明确安全监理的方法、措施和控制要点。

2. 总监理工程师负责所管工程项目的安全监理工作，并按要求组织项目监理部根据合同约定和所监理工程项目的特点、规模和复杂程度，配置专职安全监理工程师和安全监理人员。要组织制定安全监理工作制度和流程，明确项目监理人员的安全监理职责，确保相关责任得到切实落实。

3. 总监理工程师应结合工程项目的具体情况，定期组织现场监理工程师和监理员进行安全监理交底，根据各阶段可能存在的风险源进行阶段性培训，以提高监理人员在现场识别和应对安全问题的能力。

4. 施工准备阶段，项目监理机构重点审核相关资料如下：

1）审查工程建设是否严格履行法定程序、符合法定制度。

2）审查承建单位是否具备相应的资质资格和安全生产许可证，并在网上进行审核。

3）审核施工单位编制的施工组织设计中的安全技术措施是否符合国家强制性标准，危险性较大的分部分项工程是否编制了安全专项施工方案；审查施工单位项目部安全生产管理体系建立和安全生产规章制度是否合理和具备项目特点。

4）重点审核项目经理、专职安全管理人员及特种作业人员的资质证书是否有效，并按要求在相关官方网站上进行查验，辨别相关证书的真伪。

5）对分包单位进行资质和安全生产许可证的审核，分包工程内容和范围必须符合法律和施工合同的规定。总包单位在与分包单位签订分包合同时，必须签署分包工程安全生产协议书，明确总包单位和分包单位在安全生产方面的责任，以防止事故发生后出现相互推诿和责任规避的情况。

6）审查施工单位对进场施工人员进行的安全“三级教育”和安全技术交底工作的执行情况。安全教育和安全技术交底的内容应具有针对性，并且需要做好详细的书面记录。进行交底的人员和接受交底的人员都必须在三级安全教育卡和安全交底记录上签字，不允许代签。

5. 施工实施阶段，监理项目部主要安全工作内容有：

1）监理部将严格按照审核通过的施工组织设计和专项施工方案，对施工单位进行监督检查。一旦发现安全问题，监理部会及时要求施工单位立即进行整改，并以文件形式下发至施工单位并抄送建设单位，当情节严重时立即下发暂停令要求施工单位立即暂停施工，同时通知建设单位要求施工单位限时整改，拒不整改的立即上报工程所在地建设主管部门。

2）监理单位按要求每日对施工现场进行安全巡视检查工作，并对现场存在的安全问题和处理情况填写安全日志。定期和不定期组织建设单位、总包及各分包单位的相关人员进行专项安全检查和周安全巡视检查，形成检查记录，以纸质文件下发至相关方，限期进行整改，并以纸质文件回复监理部。

3）监理人员在日常安全巡视过程中，对施工现场的动火作业、吊装作业、高处作业、消防设施、易燃易爆品存储、临时用电、大小型机械、扬尘治理等进行安全检查，检查施工单位是否按已审批的施工组织设计、安全管理方案的措施进行管理，重点检查项目经理等施工管理人员到岗及专职安全管理人员配备情况，检查施工单位安全生产管理体系的建立、安全生产责任和安全生产管理措施落实情况，抽查施工现场特殊工种作业人员持证上岗情况。发现存在问题的立即要求施工单位进行整改，并及时下发监理通知督促施工单位对存在的问题进行全场排查。

4）针对施工现场危险性较大和超过一定规模的危险性较大的分部分项工程，监理部按要求每日进行专项巡查并填写专项巡查记录，对重点工序、关键部位进行重点检查，监督施工单位的安全管理人员是否到岗、特种作业人员是否持证上岗、施工机械是否经监理报备验收，以及施工现场相关安全措施是否符合专项施工方案及规范要求。对发现的安全问题如实记录在专项安全巡查记录中。

5）监理部针对施工现场所涉及的汽车式起重机、叉车、升降车、曲臂车、大小型机具，以及危大工程所包含的吊篮、室外电梯、塔式起重机、支撑架体等设备材料，必须要求经监理和相关单位验收通过后才能进入施工现场，并附相关证明文件材料。在安装完成后需要委托第三方检测的，必须委托具有相应资质的检验机构检测，同时出具检测合格证明，同时督促总包单位联合相关单位共同验收，验收合格通过后方可投入使用。

6）在施工过程中，如果施工单位对需要特别审批且危险性较大的分部分项工程的专项施工方案进行重大调整或变更，监理项目部应当要求并监督施工单位按照原先的程序重新履行制定、审核、批准和报审手续。任何经过专家论证的专项施工方案都必须重新组织专家进行审查。

7）施工过程中发生重大安全事故和突发性事件时，总监理工程师应立即下发停工令，并如实上报相关部门，保护好事故现场，并积极配合事故现场的调查处理工作。

8）监理项目部应按规定将与安全生产相关的技术文件、验收记录文件、监理规划、监理实施细则、监理月报、安全监理会议纪要及相关书面通知等整理成档案，并进行归档保存。

三、监理企业存在的典型问题

1. 专业监理工程师审核专项施工方案能力较弱，专业技术水平有待提高，现场安全监理工作不到位，对现场的安全隐患不能及时发现，缺少现场经验，现场巡视存在走过场的情况，对关键环节和关键部位未重点检查。

2. 总监理工程师作为监理第一安全责任人，未组织项目部全体人员进行阶段性的安全培训，未按要求参加现场的安全巡视检查，对安全资料管理不重视，未定期进行检查和定期总结安全资料情况。

3. 现场存在的安全隐患，未按要求及时下发工作联系单、监理通知单、暂停令等监理指令要求施工单位进行整改，未留存纸质文件记录。

4. 监理企业与业主签订的监理委托合同中对安全监理的义务和权利不够明确，对监理工作开展存在不利影响。

四、监理企业的应对措施

1. 监理企业应定期或不定期完善安全监理保障体系，通过成立的组织机构与岗位设置明确各级职能部门及相关人员的安全监理责任，成立安全监理管理部门或公司安全生产组织机构。监理企业主要负责人作为安全生产第一责任人，应对本单位监理工程项目的安全监理全负责，落实安全生产岗位责任制，督促各级单位将安全监理职责细化到每位监理从业人员。总监理工程师对监理的工程项目负有安全监理责任，应根据工程项目特点制定各监理人员的安全职责，切实保障安全监理责任的层层落实。

2. 定期组织全体监理人员进行相关安全培训工作，重点对施工现场各个施工工序和涉及危大和超危大工程进行有针对性的安全技术培训，安全工作重在事前、事中控制，整体提升全体监理人员的专业技术水平和安全管理素质。

3. 加强与业主之间的沟通，施工现场存在安全隐患时要及时告知业主，要坚决果断地下发监理指令，并及时与业主沟通，针对现场存在的安全隐患提出合理化建议，确保施工现场安全生产工作处于受控状态。

4. 逐步完善企业安全标准化建设，企业定期组织专家组及时更新企业的相关安全责任制度，以及做好安全标准化的资料更新工作，更好地服务于各个项目。各项目也要重视现场安全资料的整理、收集和存档工作，安全资料必须真实有效，这也是保护监理企业和规避监理责任的重要证据。

结语

通过案例分析，笔者指出了监理企业和全体监理人员应当如何有效履行安全职责，同时也需要深刻认识到安全监理工作的重要性及所面临的严峻形势。监理企业必须明确个人工作职责，强化自身的监理安全责任意识，以减少和防止各类安全问题的产生，从而不断提升工作效率和质量，真正贯彻企业的安全责任制度，全面执行安全职责，并充分利用监理手段发挥监理的真正作用，实现工程项目的整体目标。这样不仅能保护业主权益，也能履行监理职责，确保工地施工安全，对监理行业的发展具有重要意义。

参考文献

[1] 赵俊虎．浅论如何规避监理工程师的安全责任[J]. 商品与质量：学术观察，2012（5）：212.
[2] 李建东．建筑工程安全监理中的风险管理工作探析[J]. 劳动保障世界，2013（14）：141.
[3] 杞绍荣．建筑工程安全监理中风险管理研究[J]. 山西建筑，2019（3）：211-212.

多元化发展背景下工程监理企业的转型升级策略

金英举　曹雨佳
鑫诚建设监理咨询有限公司

摘　要：随着我国经济步入新常态，工程监理行业面临新的挑战，包括市场环境变化、业主需求升级及国际竞争加剧。在此背景下，工程监理企业必须积极寻求转型路径。本文首先综述了工程监理企业的发展现状，包括行业背景、趋势、企业数量与人员增长、业务收入与结构变化，以及多元化发展路径的探索。其次深入分析了行业发展面临的主要问题与挑战，如市场环境及业主认知问题、监理地位与职责困境、人才短缺与素质提升紧迫性，以及创新能力与业务发展瓶颈。基于此，笔者进一步探讨了工程监理企业转型的必要性与可行性，并提出对策与建议，以期为工程监理企业开展全过程工程咨询转型升级提供借鉴。

关键词：工程监理企业；转型升级；全过程工程咨询

工程监理行业在过去30多年间取得了显著成就，为众多工程项目提供了不可或缺的专业服务。然而，随着国家经济步入新常态，工程监理行业也面临着新的挑战。市场环境的变化、业主需求的升级，以及国际竞争的加剧，都要求工程监理企业必须积极寻求转型发展的路径，以提高经济效益和市场竞争力。在这一背景下，工程监理企业的转型升级成为行业关注的焦点。传统监理业务的局限性逐渐显现，难以满足日益增长的多元化市场需求。因此，向全过程工程咨询转型成为监理企业发展的必然趋势。

一、工程监理企业现状综述

（一）工程监理行业的发展背景与趋势

工程监理行业的转型升级是顺应时代发展的必然选择。自改革开放以来，我国经济持续高速增长，极大地推动了基础设施投资与商业地产的繁荣。在国家政策的大力扶持下，监理行业在过去30多年间实现了迅猛发展。然而，随着国家经济步入新常态，监理行业亦面临着新的调整与挑战。工程建设行业正经历着前所未有的变革，工程监理企业积极探索转型升级之路，这不仅是企业打破传统束缚、开拓新型发展模式的内在需求，也是面对外部环境变化、处于关键转折点的必然选择，更是企业紧跟时代步伐、追求更大发展的客观要求。

（二）工程监理企业的数量与人员增长情况

近年来，我国工程监理企业数量持续上升。据统计，至最近一年，我国建设工程监理企业总数呈现出显著的增长态势。其中，具备综合资质的企业数量亦有明显增加，显示出行业整体的实力提升。与此同时，从业人员数量亦稳步增长，特别是综合资质企业的从业人数增长更为突出，反映了行业对高素质人才的旺盛需求。这一增长趋势，得益于全过程工程咨询的推广及相关政策的影响，使得监理企业及从业人员数量均有所攀升，尤其是综合资质企业及人员的增长更为显著。此外，随着跨国合作项目的增多，国内监理企业面临与国际咨询企业在同一平台上竞争，这无疑给我国监理企业带来了巨大的挑战与压力。

（三）监理业务收入与业务结构的变化趋势

近年来，工程监理企业的业务收入结构发生了显著变化。最新的建设工程监理统计公报显示，传统的工程监理合同额占比有所下降，而其他如工程勘察设计、工程招标代理、工程造价咨询、工程项目管理与咨询服务、全过程工程咨询等合同额占比则显著上升。这表明，监理企业的传统业务收入有所减少，而其他高增值服务业务收入则呈现快速增长态势。这种服务模式的转变，使得业主能够获得从项目立项到运营维护的全生命周期工程咨询服务，为监理企业创造了更大的利润空间和价值增长点。

（四）工程监理企业的多元化发展路径探索

为了获取更多项目，监理企业积极拓展业务领域，涵盖工程前期咨询、造价咨询、设计监理、招标代理、工程检测、技术改造监理、项目代建等多个方面。这些业务的开展，不仅使监理企业的服务范围不再局限于施工阶段，还极大地拓宽了其视野。同时，监理人员也通过这些多元化业务的实践，获得了更多的学习和锻炼机会，为监理企业探索全过程工程咨询业务积累了宝贵的经验和业绩。这一多元化发展路径的探索，无疑为工程监理企业的未来发展注入了新的活力与机遇。

二、工程监理行业发展面临的主要问题与挑战

（一）市场环境与认知问题的挑战

在工程监理行业中，市场环境及业主对监理的认知偏差是首要问题。部分业主将监理视为一种形式，甚至将其作为项目出现问题时的替罪羊。这种错误的认知导致出现了监理招标投标过程中的不公平现象，使得监理企业无法仅凭自身实力获得公平竞争的机会。为了生存与发展，一些监理企业不得不陷入恶性竞争，通过打价格战来争取项目，结果导致监理取费偏低。加之业主拖欠监理费的情况时有发生，使得监理企业面临入不敷出的困境。

（二）监理地位与职责界定的困境

监理作为工程建设市场的三大主体之一，本应发挥举足轻重的作用。然而，在实际工作中，业主和施工单位往往对监理单位的职责缺乏正确认识，导致监理工作失去其应有的独立性、公平性和科学性。这种对监理的认知模糊不清、定位不准的现象，无疑给工程监理的工作增加了额外的负担，也影响了监理行业的整体形象和发展。

（三）监理人才短缺与素质提升的紧迫性

工程监理企业执业人员的整体能力不足，是当前行业发展面临的又一重要问题。由于监理服务范围相对狭窄、工资待遇较低，导致高素质人才流失严重。现有的监理人员大多缺乏系统的理论学习和实践经验，难以胜任复杂的工程监理任务。此外，监理企业还缺少复合型高级项目管理人才，以及熟悉国际法律条款、具有国际工程咨询经验的人才。这种人才短缺和素质不高的问题，严重制约了监理企业的业务发展和国际竞争力提升。

（四）创新能力与业务发展的瓶颈

随着中国经济由高速增长转向高质量发展阶段，推动传统产业数字化、智能化、网络化转型成为主要方向。然而，监理企业在创新能力与业务发展方面却面临瓶颈。长期以来，监理企业的业务范围相对单一，缺乏独有的、先进的工程技术和管理方法。这导致监理企业在服务内容创新方面空间有限，难以满足市场日益多样化的需求。为了突破这一瓶颈，监理企业需要加强技术创新和人才培养，不断提升自身的核心竞争力。

三、工程监理企业转型的必要性与可行性深度分析

（一）转型的必要性深入探讨

工程监理企业在长期的发展历程中，为工程建设市场提供了不可或缺的服务。然而，随着市场环境的变化和工程建设需求的升级，传统监理企业业务的局限性逐渐显现，已难以满足日益增长的多元化市场需求。因此，监理企业必须积极寻求转型发展的机遇，以提高经济效益和市场竞争力。向全过程工程咨询转型，不仅有利于对项目进行全面整体的把控，保持项目的连贯性，还能有效保证工程质量、缩短工期、节约社会成本。同时，监理企业还需要调整业务范围、提高服务水平，以提升在国际市场中的竞争力，适应全球化的发展趋势。

（二）转型的可行性全面评估

监理企业拥有一支技术精湛、经验丰富的工作人员队伍，这正是工程咨询企业所需的核心人才资源。通过必要的培训和引导，监理人员能够迅速投入全过程工程咨询业务，为企业的转型发展提供有力的人才保障。同时，国内工程建设投资的持续增加，产生了对全过程工程咨询服务和工程监理的旺盛需求，为监理企业的转型

发展提供了广阔的市场空间。此外，国际市场的开放也为监理企业提供了更多的发展机遇。近年来，我国已出台多个政策文件，鼓励监理企业向全过程工程咨询企业转型，为企业的转型发展提供了有力的政策支持和引导。

四、工程监理企业转型升级的对策与建议

（一）采用现代化技术，构建全过程工程咨询服务体系

监理企业应顺应市场需求，推动服务范围由建设施工阶段向价值链两端延伸。通过构建全过程工程咨询服务平台，监理企业可以快速进入信息化、标准化、数字化引领的智能建造时代。该平台应涵盖投资策划、可行性研究评估、造价咨询、勘察设计、工程监理、招标代理、项目管理、项目运维、后评价等工程建设全过程的多项业务。通过该平台，工程咨询企业可以实现对所有咨询项目的实时动态监管，加强项目的可视化和精细化管理；实现项目的多参与方在线协作；全过程业务成果数据实时备案，自动生成多种报告报表。全过程工程咨询的应用将显著提高公司的整体管理水平，为企业的转型升级提供有力保障。

（二）加强高素质、复合型人才的培养与引进

全过程工程咨询是一个新型的服务模式，对于企业的资质和人才要求都相对较高。因此，监理企业应注重提高人员素质，优化人才招聘标准，引入高素质管理人才，并深化培养企业高层管理者的管理素质。同时，监理企业还应优化人力资源管理工作，一方面优化人才招聘标准，吸引更多优秀人才加入；另一方面主动挖掘企业现有人才优势，合理分配岗位，实现人尽其才。此外，监理企业还应通过项目监理部之间的互相观摩、交换监理人员等方式加强内部业务交流，提升团队整体实力。同时加大对员工的培训力度，培养监理人员的协作精神和创新意识，树立以人为本的人才观。

（三）创新监理模式，积极拓展国际市场

为了与国外咨询企业竞争，我国监理行业必须深化改革，培育技术力量雄厚、专业面广、规模大、效益好的监理企业。中小监理企业可以通过实施战略联盟的方式，形成有特色的名牌企业，共同适应国际市场竞争的需要。战略联盟形成后，各成员企业应加强与国际先进监理企业的合作与交流，学习他们的先进理论、技术和经验，尽快适应国际竞争的环境。同时，监理企业还应积极探索“走出去”战略，积极参与国际工程项目的学习和竞标，提升我国监理企业在国际市场上的影响力和竞争力。通过不断创新监理模式和积极拓展国际市场，我国监理企业将在全球范围内展现更强的实力和影响力。

结语

综上所述，工程监理企业在当前经济新常态下正面临着前所未有的挑战与机遇。为了实现可持续发展和更高质量发展的目标，企业必须积极寻求转型升级的路径和方法。通过采用现代化技术搭建全过程工程咨询服务平台、加强高素质复合型人才培养与引进，以及创新监理模式，并积极拓展国际市场等对策与建议的实施，工程监理企业将能够不断提升自身的核心竞争力、适应市场需求的变化，并在激烈的市场竞争中脱颖而出。未来，工程监理行业将继续发挥重要作用，并为我国工程建设事业作出更大的贡献。

全过程工程咨询环境下如何做好建筑工程监理分析

石洪金
盐城市工程建设监理中心有限公司

摘　要：随着居民对于生活环境要求不断提升，法律规定的标准越来越严格，建筑市场上对工程质量水平的要求也在同步提高，全过程工程咨询已经成为建筑行业的普遍管理模式。本文从建筑工程监理的内容入手，并从监理体系、部门对接、咨询滞后、监理人才四个方面，分析了目前全过程工程咨询监理工作存在的问题，并提出了相应的对策和建议，供有关部门以及监理人员参考和改进。

关键词：监理；全过程管理；建筑工程；工程咨询

引言

随着建筑工程规模不断扩大，涉及的资金数额越来越高，巨大的利益吸引来更多的企业参与到建筑市场中，这也使得市场竞争进一步加剧。企业为了在招标投标阶段获取更强的竞争力，需要在保证建筑质量的基础上，对成本进行严格管理。全过程工程咨询和监理，能够帮助企业对施工资源进行科学合理的配置，压缩工程建设的使用成本，从而获取更高的经济效益。

一、全过程工程咨询的作用

在全过程工程咨询的浪潮下，我国建筑工程监理企业有了快速增长。截至2023年，全国范围内的监理企业已经接近13000家，具体数据如表1所示。

在全过程工程咨询的背景下，监理工作的开展有以下两个方面的意义和作用。

第一，为工程建设提供充足的理论基础。部分小型监理企业，虽然在传统的建筑工程建设中，已经积累了较为丰富的经验。但随着当下技术不断更新迭代，施工团队在建设过程中，也容易出现力不从心及技术缺陷的问题。通过全过程工程咨询，由咨询团队人员负责对相关的技术问题进行解决，能够妥善弥补这一方面的缺失。

2023年建筑工程监理企业登记数量　表1

工业登记类型	企业数量/家
国有企业	696
集体企业	41
股份合作	49
有限责任	4913
股份有限	769
私营企业	5658
其他类型	281

第二，提升工程的管理力度。传统工程的建设，施工团队仍旧以工程本身的搭建及施工的具体工作为主，忽视了管理工作的重要意义。全过程工程咨询能够从外部借力，提升管理工作的力度。

二、建筑工程监理的内容

（一）质量监理

质量管理是建设工程监理工作的主要内容，也是核心内容。监理行业在发展之初，就是为了保障建筑工程的质量水平，所以只着眼于工程的建设阶段。监理人员会对目前的建设进度，以及局部的建设情况进行初步验收，确保工程当前的建设质量达标，能够应对后期的竣工交付工作。随着建筑行业不断发展，监理工作也需要同步跟进，目前已经向前方和后方不断辐射，覆盖了工程建设的全过程。在施工开展前，监理人员需要对原材料的质量进行检验，在工程建设完成后，监理人员也需要开展第一轮的验收。这些都是质量管理工作的关键内容。

（二）安全监理

安全监理是建筑工程建设的基础。只有保证施工现场的人员安全、材料安全、资金安全，建筑工程才能在合同规定的期限范围内顺利交付。随着建筑行业不断发展，也涌现出了一批新工艺、新设备。对这些技术设备进行应用的同时，需要做好相应的安全防护措施。部分技术人员和操作人员没有意识到这一问题，在技术更新迭代的同时，没有做好相关的安全准备工作，仍旧使用传统的安全措施进行防护。这导致施工现场存在严重的安全隐患，监理人员需要对类似的问题进行规避，提前做好相关的安全准备工作。

（三）成本监理

成本监理工作与其他方面密不可分。监理人员在开展质量管理和安全管理的同时，需要对资源进行重新配置，这也侧面完成了成本监理工作的部分内容。在国家提出可持续发展的理念之后，建筑行业作为高污染、高耗能行业，是改革工作的首要阵地。通过监理工作的落实，对施工现场的资源浪费和环境污染问题进行纠正，不仅能够深入贯彻落实可持续发展的理念，而且能为企业带来更高的经济效益，同时实现经济效益和社会效益的和谐统一。

三、建筑工程监理工作存在的问题

（一）没有形成完善的监理体系

在全过程工程咨询大潮下，建筑工程监理工作存在的首要问题，就是没有形成完善的监理体系。传统建筑工程的规模较小，监理工作的内容也较为简单，能够在短期内完成。而且，传统监理工作也不会覆盖工程建设的全过程，监理的力度较小。随着市场上工程规模不断扩大，涉及的工艺技术也越来越复杂，而监理工作的力度及相关的流程体系并没有同步完善。这导致监理人员开展工作十分困难，没有明确的章程体系作为依照。

（二）监理工作与其他部门的对接困难

监理工作是对建筑工程的现场施工进行监督和管理，在本质上与工程的建设有一定的矛盾性。工程的建设部门、材料管理部门、人员管理部门等，与监理工作的开展对接困难，这也导致监理人员的工作难以落实，无法达到预期。部分建筑工程承包企业已经意识到了这一问题，并积极开展相应的改革工作，但最终收效甚微，监理工作的开展仍旧举步维艰。随着当下市场上的建筑工程规模不断扩大，涉及的资金数额同步提升，施工建设的部门及人员也错综复杂，涉及庞大的利益关系，监理工作的开展，难以在短时间内解决相应问题。

（三）工程咨询与监理工作滞后

虽然全过程工程咨询是当下建筑工程建设的重要方向，也是一种使用率极高的管理模式。但是，在实际开展的过程中，仍旧存在工程咨询与监理工作滞后的难题。监理人员在开展工程咨询的过程中，本质上属于承包企业的委托方，一般需要根据企业反馈的情况进行决策。而在问题产生、情况上报、企业反馈、咨询处理这一过程中，已经产生了一定的滞后性。建筑工程建设中的问题，没有在第一时间进行妥善处理，可能存在进一步扩大损失的风险。相比传统的监督管理工作，全过程工程咨询监理已经有了跨越式的进步，但是仍旧需要根据当前的市场情况和工程开展情况，不断进行改进。

（四）缺乏专业的监督管理人员

所有的咨询工作和监理工作，都需要专门的监督管理人员去开展。监理工作开展的实际情况，乃至建筑工程的质量水平，都与监理人员的专业素养和职业素质密切相关。目前，缺乏专业的监理人员，已经成为建筑行业的普遍问题。但是，这一人才缺口并没有反映到市场中，人才输送的渠道也不完善，难以在短时间内解决问题。

四、建筑工程监理工作完善策略

（一）创设全过程建筑工程监理体系

针对没有形成完善监理体系的问题，管理人员需要结合全过程工程咨询的大潮，创设全过程的工程监理体系。首先，需要明确每个环节监理工作开展的重点。在建筑工程施工前期，主要开展的工作包括设计和原材料采购。监理人员需要充当设计部门和后期施工部门的桥梁，帮助相关的负责人员做好充分的沟通和交流，确保设计方案兼具科学性和合理性，能够在后期施工过程中顺利落实。另外，监理人员还需要对前期制定的施工计划及成本预算进行审核，与招标投标阶段合同签订的内容进行比对，确保施工建设能够顺利开展。在施工过程中，监理工作包括的内容更加复杂，涉及现场的质量管理、安全管理、成本管理、人员管理等。在竣工交付阶段，监理人员需要进行第一轮审核，确保建筑工程的质量水平达到既定标准，为后期的交付工作奠定基础。

其次，在了解监理工作每个施工阶段的具体内容后，需要对这些内容进行整合，形成完善的流程体系。第一，要减少工作的重叠和交集。原材料的管理工作，包括前期的采购、中期的库存和领用、后期的转接和验收。如果在每个阶段分别开展监理工作，极有可能导致工作重复，产生一定的资源浪费。在全过程工程咨询的大潮下，创设完善的监理体系，需要从全局的角度进行思考，对原材料进行妥善的监督和管理。第二，要规避监理工作的漏洞。例如，在安全管理工作中，每一项技术、设备的应用，都需要配备相关的安全防护措施。监理人员很难对施工现场的每个细节进行审核，所以需要将安全管理的权责进行层层下发，弥补安全漏洞。最后，在建筑工程监督管理体系初步形成后，需要形成长效反馈机制。一旦监理工作的开展出现问题，需要及时进行反馈，制定相应的解决策略，并将其纳入新的监理体系中，为后续工作的开展提供更加完善的依据。

（二）对工程建设部门进行统一管理

只有对工程建设部门进行统一管理，才能够解决监理工作与其他部门对接困难的问题。首先，可以使用云平台等管理模式，对建筑工程涉及的各个部门进行统筹管理。每个部门在云平台上设有专门的工作台，对当前的工作进度进行披露，并保存重要的工程文件。这不仅在无形中减少了部门之间的沟通成本，也有助于监理工作的开展和协调。其次，需要从管理层入手，明确监理工作对于工程建设的重要意义和价值。建设方和监理方虽然存在一定的矛盾，但在本质上是对立统一的。监理工作能够促进建设工作的开展，保证建筑工程的质量水平，解决建设中可能出现的各种突发问题。最后，在监理工作开展的过程中，一旦发现质量问题，需要积极进行上报，并同时根据现场的实际情况进行决策处理。这不仅能够减少已经产生的损失，而且能够给承包企业带来更高的经济效益，符合全过程工程咨询的发展浪潮。

（三）打通咨询与监理的沟通渠道

为解决工程咨询与监理工作滞后的问题，需要打通两者之间的沟通渠道，帮助咨询方在第一时间了解问题的情况。首先，监理人员需要在施工现场部署相关负责人，实时了解和掌握建筑工程的建设情况。一旦施工现场出现问题，能够在第一时间将实际情况进行反馈，减少咨询和监理工作在时间上的滞后。如果工程的规模较大，或者工程本身涉及的资金数额较高，咨询方可以直接在承包方设置相关的监理部门，全方位负责后续工作的对接。其次，咨询部门要做好相关的应急预案。优质的监理工作，不仅需要对施工现场已经出现的各项问题进行妥善的处理，而且要深层次了解施工建设的实际情况，预测施工风险的具体来源，并对施工问题进行规避。

（四）打造一流的建筑工程监理团队

建筑工程承包企业，需要积极投入资金，打造一流的监理人才团队，才能够为工程的顺利开展保驾护航。首先，需要对现有的监理人才进行培养。部分在职的监理人员，虽然没有积极了解前沿的新技术、新工艺、新材料，但是在长期的全过程咨询工作中，已经积累了比较丰富的经验。这些人员对工程的建设流程，以及容易出现问题的情况，有比较丰富的处理经验。对这些人才进行培养，能够在短时间内取得明显的成效。其次，承包企业可以与高校或研究院形成合作关系，在高校中设置相关的专业，为人才输送拓宽渠道。

结论与展望

综上所述，监理工作开展存在的问题有四个主要方面，分别是没有形成完善的监理体系、监理工作与其他部门的对接困难、工程咨询与监理工作滞后，以及缺乏专业的监督管理人员。针对这些问题，需要创设全过程建筑工程监理体系、对工程建设部门进行统一管理、打通咨询与监理的沟通渠道，并且打造一流的建筑工程监理团队。未来，在工程建设及咨询监理工作开展的过程中，仍旧需要相关研究人员和监理人员不断研究和实践，推动我国建筑行业的发展。

参考文献

[1] 李建龙．建筑工程监理的作用与优化措施讨论[J]．中国住宅设施，2023（7）：73–75．

[2] 何晶玉．全过程工程咨询背景下的建筑工程监理工作策略[J]．工程技术研究，2023，8（4）：123–125．

[3] 邓世维，罗敏，邓铁军．全过程工程咨询实践的理性思考[J]．中国勘察设计，2022（5）：66–70．

[4] 刘家澍，孙孟州．传统监理企业开展全过程工程咨询业务的几点思考[J]．建设监理，2021（12）：47–49，74．

[5] 王荣．施工现场监理管理工作的分析[J]．住宅产业，2021（6）：59–61．

对工程质量风险控制服务（TIS）工作模式的思考

袁　鑫
北京五环国际工程管理有限公司

摘　要：基于工程质量潜在缺陷保险（IDI）的质量风险控制服务（TIS）是由保险公司委托的工程质量风险管理服务。这种新型的业务形式，要求TIS机构作为独立的第三方介入设计与施工的全过程，对工程质量进行跟踪及风险评估。自2016年上海市率先开展IDI和TIS试点，TIS机构迎来快速发展期，其中也不乏问题及有待改进之处。TIS作为传统建设工程质量控制的重要补充，将在政策和市场的双重助力下迎来更广阔的发展。

关键词：质量风险控制服务（TIS）；质量潜在缺陷保险（IDI）；工作模式；问题与思考

2016年，上海市建委、金融办、保监局联合下发通知，上海成为国内首个全面推动建筑工程质量潜在缺陷保险的地区。2019年，北京市下发通知，要求在本市推行质量潜在缺陷保险，并要求保险合同签订后，保险公司应当委托机构实施风险管理。此外，江苏、浙江、安徽、广东、河南、广西、海南、重庆、成都等试点地市均下发文件，在各自区域内进行质量潜在缺陷保险及质量风险控制服务试点，探索此项服务在建筑工程质量控制方面的意义及作用。

一、质量潜在缺陷保险（IDI）与质量风险控制服务（TIS）

工程的质量潜在缺陷保险（Inherent Defects Insurance，IDI）是由建设单位投保的，根据保险合同约定，保险公司对在正常使用条件下、保险期间内由于建筑工程潜在缺陷所导致的被保建筑物的物质损坏，履行赔偿责任。它由建设单位支付保费，是保险公司为建设单位及建筑物所有权人提供的因建筑潜在缺陷导致保修范围内产生物质损失时的赔偿保障。然而，对于保险公司来说，IDI服务的最大难点在于及时在建设过程中发现工程质量问题，及时进行风险分析和把控。由于保险公司欠缺工程项目质量的专业管理经验，TIS机构应运而生。

质量风险控制服务（Technical Inspection Service，TIS）机构是受保险公司委托，对建筑工程质量潜在风险因素实施辨识、评估及报告，提出处理建议，促进工程质量的提高，减少或避免质量事故发生，并最终对保险公司承担合同责任的法人机构。TIS机构多为有资质的工程监理单位、工程质量检测单位，或经建设行政主管部门认定的施工图审查机构，为保险公司提供覆盖建设工程全生命周期的质量风险管理服务。

TIS人员在施工准备阶段、施工阶段、竣工阶段和查验阶段通过专业的风控服务，有效识别各类勘察、设计、施工风险，并出具风险评估报告及反馈建议，对风险进行跟踪和检查，从而有效防范和应对各类质量潜在缺陷风险，促进建设工程质量目标的实现。

二、TIS的工作模式

TIS机构应当根据与保险公司签订的风险管理委托合同，委派专门的风险管理项目负责人，结合工程项目实际情况，制定被保险工程项目技术检查工作计划。TIS机构应根据保险合同内容及质量风险评估服务计划向保险公司提供过程评估报告和节点评估报告。

TIS机构的工作方法包括现场检查与非现场检查，采取预控、过程控制和跟踪验证的方法控制质量风险，具体包括：

（1）TIS机构项目负责人应根据建筑工程的特点、保单责任范围、建设场地与周围环境等情况，制定整个工程的质量技术检查工作方案；

（2）TIS机构应对施工过程独立进行质量控制检查。施工阶段质量检查的方式为重点风险点和关键部位的检查、随机抽查。TIS项目负责人应参加关键施工阶段现场质量风险评估和项目有关会议。在完成以上工作后，TIS机构均应向保险公司提交过程检查报告；

（3）建筑工程竣工后应验收评估报告。竣工后的质量复查报告应经TIS技术负责人审核后提交给保险公司。

TIS机构的工作范围涵盖建筑工程的实施全过程，包括勘察、设计、施工、调试、竣工验收、使用和维护等。工作内容按照项目进程可以分为四个阶段，即勘察设计阶段、施工阶段、竣工阶段和复查阶段。四阶段工作内容如下：

（一）勘察设计阶段（开工前）

TIS机构应根据保险承保范围，对被保险建筑工程质量相关文件进行检查评估，出具项目风险初步评估报告，提出合理的风险评估意见。同时编制技术检查工作计划，并做好对项目参建各方的质量检查首次交底。

1. 初步评估项目质量风险

TIS机构应结合工程建设资料、现场踏勘情况进行分析，出具项目质量风险的初步评估报告，并对项目未来可能发生的比较大的质量风险进行警示。TIS机构还应结合工程勘察设计资料，针对项目的初步设计、施工图设计等文件进行评估，识别设计风险。

2. 编制质量检查工作计划

完成对项目质量风险的初步评估后，TIS机构应针对项目的实际情况和风险特点编制并提交相应的质量检查工作计划。

3. TIS交底会

在项目开工前，保险公司应组织项目参建各方与质量风险控制机构召开工程质量检查交底会，发放质量风险评估服务计划。TIS机构针对项目特点，向各方说明工程中可能存在的质量风险点、过程中将会采用的质量技术检查方法，以及参建各方对检查需配合的相关事宜等。

4. 风险警示

TIS机构在上述工作中发现风险时，应及时提出风险警示，填写项目质量缺陷清单和整改建议书。经过审核分析后，保险公司将质量风险控制机构的评估意见提交给建设单位，由建设单位组织相关单位提出解决方案。

（二）施工阶段

TIS机构根据施工进度和质量风险评估服务计划，审查施工单位的施工方案及深化图纸，检查工程实体质量和抽查质量资料，评估施工阶段质量风险和风险控制手段的有效性，提交风险评估报告。

1. 质量风险检查内容

质量风险检查的内容包括：①资料检查：即审查施工单位的施工方案及深化设计图纸，对施工过程中的质量控制文件和记录报告进行抽查；②实体检查：即对施工过程中形成的工程实体进行实测实量，内容包括外观质量、尺寸偏差、结构强度等；③工序检查：即对现场的施工工序进行检查，检查可以是普通工序的抽查，也可针对特殊工序进行专项检查（提前约定检查节点）。

2. 质量风险检查

TIS机构在每次质量检查结束后，应根据检查的实际情况并就检查中发现的质量缺陷填写项目质量缺陷清单和整改建议书，同时出具风险评估报告。风险评估报告应结合保险合同，根据保险责任范围进行主体结构工程、防水工程、装饰工程等分项风险评估，明确质量缺陷对相应分项风险等级评定的影响。

对检查中发现的质量缺陷应进行跟踪，检查其整改情况，如已整改完毕则该问题可关闭，如无整改则应继续跟踪，直至整改完毕。对于一般技术风险等级以下的质量缺陷，应要求相关单位沟通协商整改措施，并在检查报告中记录。对于可能造成严重质量后果的质量缺陷，TIS机构应及时提示保险公司，并要求参建单位进行整改处理。

TIS机构应根据施工进度汇总各施工阶段所有质量检查情况及整改情况，以便保险公司及建设单位了解项目的总体质量风险状况。

3. 施工现场检查频率

TIS机构对施工现场的检查频率不宜低于每月2次，对于施工过程中的重点专项工程，应有针对性地安排现场检查，增加频次。

4. 质量风险跟踪

对于质量风险检查分析中提出整改建议的质量缺陷，TIS机构需在检查过程中保持与建设单位、监理单位、保险公司的沟通，掌握质量缺陷整改的反馈情况，并对整改的实施结果进行跟踪，同时记录相关的处理情况，登记整改销项内容。

对于质量风险检查分析中提出的整改建议，参建单位拒不整改或整改不力的，TIS 机构应对质量缺陷的处理过程和结果进行记录，并就质量缺陷进行客观的描述和说明，相关记录应及时告知建设单位、保险公司。

对于 TIS 机构提出的质量缺陷风险与参建单位发生争议的情况，TIS 机构经征询保险公司书面同意后可委托争议双方共同认可的工程质量鉴定机构进行鉴定，以最终确定质量缺陷的处理方式。

（三）竣工阶段

TIS 机构应对整个工程实施过程中的质量检查情况、质量缺陷处置结果进行汇总评价，出具项目竣工风险评估报告提交保险公司。

竣工报告的内容应包括竣工检查情况汇总、整改及销项质量缺陷汇总（整个过程中所有质量缺陷的整改情况及其效果评价）、未销项问题（拒不整改或整改不力的）汇总、可能存在隐患的说明、需要进行无损检测和其他检测的建议项、工程质量情况的总体评价，以及是否满足 IDI 承保的要求等。

TIS 机构应聚焦于保险技术与质量风险控制，检查历次施工质量缺陷整改情况，评价被保险建筑工程在其承保范围内的质量风险等级。

（四）复查阶段

在保险责任生效前，TIS 机构应对建筑工程质量情况进行实地检查，将暴露的质量缺陷汇总，出具竣工复查风险评估报告。

竣工复查风险评估报告内容应包含对竣工遗留质量风险问题的跟踪复核、对已经出现的质量缺陷的查看及产生原因判别、目前的质量缺陷是否得到妥善解决、对用户是否正常使用建筑产品的提示等。竣工复查风险评估报告将作为竣工交付评价报告的补充文件提交保险公司及建设单位存档。

TIS 机构应配合保险企业会同建设单位组织相关单位沟通协商解决在保险责任生效前暴露的质量缺陷。

三、TIS 的现存问题与思考

质量风险控制服务在国内的发展时间较短，程度尚不成熟，仍处于初步发展阶段。相较于国外发达国家，无论在专业人才、技术、管理、组织结构方面都存在巨大的实力差距，将待进一步的发展积累，这也是目前国内 TIS 机构自身的发展问题所在。

（一）TIS 机构的准入资质尚不明确

当前我国的 TIS 机构多由甲级监理机构、具备资格的审图机构和工程检测机构充当，此外也不乏保险科技机构、建设科技机构。在北京市的 IDI 业务风险管理服务供应商名录中，有以中国建筑标准设计研究院为代表的科研机构，也有以诚合瑞正为代表的风险管理咨询公司。此外，受政策影响，市面上快速涌现出一大批 TIS 机构，其技术实力强弱不一、良莠不齐。一方面，这些机构都在一定程度上存在人才欠缺、专业单一等问题，距离统摄全流程风控服务还有一定差距；另一方面，对于 TIS 机构的资质要求，以及 TIS 工作人员的能力、经验门槛都尚不明确。

（二）TIS 工作难以覆盖建设全流程

从工作内容看，目前国内 TIS 机构将重点放在施工质量检查上，较少偏重设计质量检查与原材料质量检查等，这也是建筑行业经常将 TIS 机构和监理机构相提并论的原因。然而，根据国外工程质量保险事故理赔数据来看，工程质量事故中 70% 和设计质量有关。针对这一情况，2018 年底中国保险行业协会颁布的《建筑工程质量潜在缺陷保险质量风险控制机构工作规范》（以下简称“《工作规范》”）首次对质量风险控制服务提出明确工作标准，要求 TIS 机构的工作范围应涵盖勘察、设计、施工、调试、竣工验收、使用和维护。当然，针对 TIS 机构的评价机制及追责机制仍有待建立。

（三）建筑工程五方主体对 TIS 机构的接受度不足

目前，TIS 机构缺乏相应的法律地位，也没有与各方参建主体建立合同关系，在工作中存在一定阻力。我国现有的工程质量管理体系已有施工图设计文件审查制度、工程监理制度与材料检验制度，也有建设、勘察、设计、施工、监理五方质量责任主体。而 TIS 工作内容与现有质量管理工作确有一定的重叠，且 TIS 机构的工作开展离不开工程建设各环节的协作，如何嵌入体系、协调各方，直接影响着 TIS 工作的完成度和准确度。

（四）法规政策有待完善

目前，国内 IDI 试点城市大多都以政策文件的形式明确了 IDI 的实施意见或管理办法。但针对 IDI 与 TIS 工作的实操层面，国家和各地区主管部门还未出台相应的规范文件，只有中国保险行业协会于2018年11月出台的《工作规范》。该规范对于保险公司程序管理有一定的梳理作用，但对TIS实操方面的具体问题指导性较弱。

四、展望

2019年由北京市建委、规委、监管局、保监局发布的《北京市住宅工程质量潜在缺陷保险暂行管理办法》已要求“本市新建住宅工程项目，在土地出让合同中，将投保缺陷保险列为土地出让条件”，且“缺陷保险合同签订后，保险公司应当委托建设工程质量风险管理机构实施风险管理”。随着IDI的推广以及质量风控在其中重要性的凸显，TIS机构的发展将得到政策和市场的双重助力。

当前TIS机构存在着实力良莠不齐、价格竞争无序、服务内容不一等问题，呼吁行业监管尽快落实。而近年来工作规范、技术导则等标准文件的发布已暗示了强监管的趋势。随着TIS机构管理制度的健全，以及资质认证标准、业务操作规范、纠纷处理流程、数据交换方法等的落实，TIS机构的服务水平和竞争力也将得到更大限度的提高和培育。随着TIS机构在工程质量风险控制方面的参与度和影响力不断增大，TIS机构将成为建设工程质量控制的关键一环，助力提高工程质量，降低工程风险。

 北京市建设监理协会 会长：张铁明	 中国铁道工程建设协会 理事长：王同军 中国铁道工程建设协会建设监理专业委员会 会长：陈璞	  中国建设监理协会机械分会 会长：黄强	 京兴国际工程管理有限公司 董事长兼总经理：李强
北京兴电国际工程管理有限公司 董事长兼总经理：张铁明	北京五环国际工程管理有限公司 总经理：汪成	 中国水利水电建设工程咨询北京有限公司 总经理：孙晓博	 鑫诚建设监理咨询有限公司 董事长：严弟勇　总经理：张国明
北京希达工程管理咨询有限公司 董事长兼总经理：黄强	中船重工海鑫工程管理（北京）有限公司 总经理：姜艳秋	 中咨工程管理咨询有限公司 总经理：鲁静	北京赛瑞斯国际工程咨询有限公司 总经理：曹雪松
天津市建设监理协会 理事长：吴树勇	河北省建筑市场发展研究会 会长：倪文国	 山西省建设监理协会 会长：苏锁成	 宁波市建设监理与招投标咨询行业协会 会长：邵昌成
浙江华东工程咨询有限公司 党委书记、董事长：李海林	 公诚管理咨询有限公司 党委书记、总经理：陈伟峰	 北京帕克国际工程咨询股份有限公司 董事长：胡海林	 福建省工程监理与项目管理协会 会长：林俊敏
 广西大通建设监理咨询管理有限公司 董事长：莫细喜　总经理：甘耀域	同炎数智（重庆）科技有限公司 董事长：汪洋	 晋中市正元建设监理有限公司 执行董事：赵陆军	 山东省建设监理与咨询协会 理事长：徐友全
福州市全过程工程咨询与监理行业协会 理事长：饶舜	 吉林梦溪工程管理有限公司 执行董事、党委书记、总经理：曹东君	 大保建设管理有限公司 董事长：张建东　总经理：肖健	 上海振华工程咨询有限公司 总经理：梁耀嘉
 武汉星宇建设咨询有限公司 董事长兼总经理：史铁平	 山东胜利建设监理股份有限公司 董事长兼总经理：艾万发	 江苏建科建设监理有限公司 董事长：陈贵　总经理：吕所章	 连云港市建设监理有限公司 董事长兼总经理：谢永庆
山西卓越建设工程管理有限公司 总经理：张广斌	 陕西华茂建设监理咨询有限公司 董事长：阎平	 安徽省建设监理协会 会长：苗一平	 合肥工大建设监理有限责任公司 总经理：张勇
 浙江江南工程管理股份有限公司 董事长兼总经理：李建军	 苏州市建设监理协会 会长：蔡东星　秘书长：翟东升	 浙江嘉宇工程管理有限公司 董事长：张建　总经理：卢甬	 浙江求是工程咨询监理有限公司 董事长：晏海军
 驿涛工程集团有限公司 董事长：叶华阳	 河南省建设监理协会 会长：孙惠民	 国机中兴工程咨询有限公司 执行董事：李振文	 清鸿工程咨询有限公司 董事长：徐育新　总经理：牛军
 建基工程咨询有限公司 总裁：黄春晓	河南省光大建设管理有限公司 董事长：郭芳州	 方大国际工程咨询股份有限公司 董事长：李宗峰	 河南长城铁路工程建设咨询有限公司 董事长：朱泽州
 北京北咨工程管理有限公司 总经理：朱迎春	 河南兴平工程管理有限公司 董事长兼总经理：艾护民	 湖北省建设监理协会 会长：陈晓波	 武汉华胜工程建设科技有限公司 董事长：汪成庆

湖南省建设监理协会
常务副会长兼秘书长：田英
华春建设工程项目管理有限责任公司
董事长：王莉
湖南长顺项目管理有限公司
董事长：黄劲松 总经理：黄勇
广东省建设监理协会
会长：史俊沛
广东工程建设监理有限公司
总经理：毕德峰
西安四方建设监理有限责任公司
董事长：杜鹏宇 总经理：周建新
重庆市建设监理协会
会长：冉鹏
重庆赛迪工程咨询有限公司
董事长兼总经理：冉鹏
重庆联盛建设项目管理有限公司
总经理：邓泽君
山东同力建设项目管理有限公司
党委书记、董事长：许继文
重庆正信建设监理有限公司
董事长：程辉汉
重庆林鸥监理咨询有限公司
总经理：肖波
四川二滩国际工程咨询有限责任公司
董事长：李卫国
中国华西工程设计建设有限公司
董事长：周华
云南省建设监理协会
会长：杨丽
云南国开建设监理咨询有限公司
董事长兼总经理：黄平
贵州省建设监理协会
会长：张雷雄
贵州建工监理咨询有限公司
董事长：张勤 总经理：涂捷
三维建设工程咨询有限公司
董事长：付涛 总经理：王伟星
西安高新矩一建设管理股份有限责任公司
董事长兼总经理：范中东
西安铁一院工程咨询监理有限责任公司
总经理：张德凌
普迈项目管理集团有限公司
董事长：李三虎 总经理：景亚杰
云南城市建设工程咨询有限公司
董事长：杨家骏
河北中原工程项目管理有限公司
董事长：王亚东
青岛东方监理有限公司
董事长：胡民 总经理：刘永峰
康立时代建设集团有限公司
董事长：蒋增伙 总经理：鲜涛
山西辰丰达工程咨询有限公司
总经理：孙爱峰
九江市建设监理有限公司
董事长：郭冬生
新疆昆仑工程咨询管理集团有限公司
党委书记、董事长：苏霁
山西省建设监理有限公司
董事长：张建安 总经理：赵帅
山西协诚建设工程项目管理有限公司
执行董事兼总经理：冯长青
山西省煤炭建设监理有限公司
执行董事：崔科斌
山西交通建设监理咨询集团有限公司
党委书记、董事长：何晓明
山西神剑建设监理有限公司
董事长：林群 总经理：沈桂权
山西华厦建设工程咨询有限公司
董事长：史毅清
山西新星勘测设计集团有限公司
董事长兼总经理：张廷宝
太原理工大学建筑设计研究院有限公司
党总支书记、董事长、总经理：赵志刚
华电和祥工程咨询有限公司
党委书记、董事长：王贵展
山西省水利水电工程建设监理有限公司
党委书记、董事长：张波
长春建业集团股份有限公司
董事长：姜凤霞
上海市建设工程咨询行业协会
会长：夏冰
重庆华兴工程咨询有限公司
董事长兼总经理：胡明健
四川省建设工程质量安全与监理协会
秘书长：付静
浙江省全过程工程咨询与监理管理协会
常务副会长兼秘书长：吕艳斌
广西建设监理协会
会长：陈群毓
江西同济建设项目管理股份有限公司
总经理：何祥国
呼和浩特建设监理咨询有限责任公司
董事长：张改莲 总经理：张晔
安徽丰润项目管理集团有限公司
总经理：舒玉
北京顺政通工程监理有限公司
经理：李海春
江苏赛华建设监理有限公司
董事长：王成武
长春市政建设咨询有限公司
董事长：李慧

河南长城铁路工程建设咨询有限公司

河南长城铁路工程建设咨询有限公司成立于1993年，隶属于河南铁路集团，是一家集全过程咨询和工程监理、造价咨询、设计、招标代理为一体的综合性咨询集团公司。公司具有住房城乡建设部工程监理综合资质、交通部公路监理甲级资质、水利部水利乙级资质。公司控股管理河南省铁路勘测设计有限公司、河南省铁路建设有限公司、河南长城建设工程试验检测有限公司。公司通过了ISO 9001、ISO 14001、ISO 45001管理体系认证，现为中国建设监理协会常务理事单位、中国铁道工程建设协会建设监理专业委员会常务委员会成员单位、河南省建设监理协会副会长单位，被科技部认定为“高新技术企业”。

公司技术力量雄厚，监理咨询人员达1000余人，其中拥有中高级职称人员800余人，具有国家住房城乡建设部、交通部、国铁集团等认定的各类注册工程师700余人。

公司承担监理的工程涵盖铁路、公路、城市轨道交通、市政、房屋建筑、水利、机场、大型场馆等领域，且参与了国家“一带一路”重点项目中（国）老（挝）铁路及移民工程、几内亚西芒杜铁路工程、国家援助巴基斯坦公路工程、非洲刚果布大学城建设工程等援外项目，监理项目逾1000项。其中铁路建设领域先后参建了徐兰、沪昆、兰新、京沈、京雄、成昆、郑万、哈牡、赣深、沪苏湖等几十条高速铁路和拉林、渝贵、格库、大瑞、和若、川藏、西成、兰合、包银等国家干线铁路及重难点项目。高速公路方面先后参建了河南台辉、济洛西、安罗、沿太行西延、鸡商及贵州桐新、剑榕，云南宜毕等高速公路项目。城市轨道方面先后承担了郑州轨道1至12号线监理及武汉、成都、济南、福州、温州、金华、呼和浩特、洛阳等城市轨道交通的监理任务。先后参建了郑州机场航站楼、北京大兴机场及国家重点项目南水北调工程总干渠、多个城市立交、高架快速通道、城市管网等大型市政、机场、场馆、水利项目。桥隧方面公司监理的业绩涵盖黄冈公铁两用长江大桥、郑济公铁两用黄河大桥、台辉高速黄河特大桥、济洛西高速黄河特大桥等多座跨江越河特大桥，以及郑万高铁小三峡隧道、大瑞铁路秀岭隧道、广湛铁路湛江湾海底隧道等特长隧道几十座。公司获得的“国家优质工程奖”“詹天佑奖”“鲁班奖”“火车头奖”“中州杯”“黄果树杯”“天府杯”等国家及省部级奖项多达百余项。

公司先后荣获“河南省五一劳动奖状”“全国五一劳动奖状”“火车头奖杯”，2016—2023连续8年入选全国工程监理企业综合排名100名，被河南省住房城乡建设厅确定为“河南省重点培育全过程工程咨询企业”，连续多年被国铁集团、交通部、河南省住房城乡建设厅评为“先进监理企业”“全省监理企业20强”，2020年被河南省评为“抗击疫情履行社会责任监理企业”，2021年被评为“防汛救灾先进监理单位”“疫情防控先进监理单位”。公司董事长朱泽州先后荣获“河南省五一劳动奖章”“全国五一劳动奖章”“火车头奖章”等荣誉，作为河南劳模代表先后应邀进京参加了纪念抗战胜利70周年阅兵式、国庆70周年庆典、建党100周年庆祝活动并观礼，受到党和国家主要领导人的亲切接见。

（本页信息由河南长城铁路工程建设咨询有限公司提供）

2021年7月1日，公司董事长朱泽州作为劳模代表受邀进京参加中国共产党成立100周年庆祝大会等活动

公司荣获“全国五一劳动奖状”称号

公司监理的台辉高速公路黄河特大桥工程（获“詹天佑”奖）

公司参与监理的郑州轨道交通1号线二期工程（获“国家优质工程奖”）

公司参与监理的北京大兴国际机场航站楼工程

公司监理的广湛高铁湛江湾海底隧道（隧道全长9640m，是我国目前独头掘进最长的大直径穿海高铁盾构隧道）

公司参与监理的和若铁路（世界首个沙漠铁路环线）

公司监理的济源至洛阳西高速公路黄河特大桥工程

公司参与监理的非洲几内亚马西铁路项目

公司参与监理的中（国）老（挝）铁路项目

上海燃料电池汽车氢源保障基地项目（工程监理）

九号科技新能源智能移动出行产品项目 C1 地块（招标代理）

印尼 BAP 一期 100 万 t 年氧化铝项目（项目管理）

印尼巨港垃圾焚烧处理项目（招标代理、造价咨询、工程监理）

四川大巴山富硒种业科技园（工程监理）

小米新能源汽车工厂（工程监理）

石家庄音乐厅项目（工程监理）

沈阳市康平县高标准农田建设（造价咨询）

石家庄高铁片区 57 号地块（工程监理）

首都医科大学附属北京友谊医院顺义院区（工程监理）

北京兴电国际工程管理有限公司

北京兴电国际工程管理有限公司（以下简称“兴电国际”）成立于 1993 年，是隶属于中国电力工程有限公司的央企公司，是我国工程建设监理的先行者之一。兴电国际具有国家工程监理（项目管理）综合资质、人防工程监理甲级资格、造价咨询资格、招标代理甲级资格、设备监理甲级资格、工程咨询及军工涉密业务咨询服务资格等，业务覆盖国内外各类工程监理、项目管理（含全过程工程咨询）、招标代理及造价咨询等工程咨询管理服务。兴电国际是全国先进监理企业、北京市及全国招标代理机构和造价咨询最高信用等级单位，是中国建设监理协会副会长单位、北京市建设监理协会会长单位、中国招标投标协会理事单位、中国建设监理协会机械监理分会副会长单位、辽宁省建设监理协会副会长单位、中国勘察设计协会人民防空与地下空间分会理事单位。

兴电国际拥有优秀的团队。现有员工 1000 余人，其中高级专业技术职称近 200 人（包括教授级高工），各类国家注册工程师近 500 人次，专业齐全，年龄结构合理。同时，兴电国际还拥有 1 名中国工程监理大师。

兴电国际潜心深耕工程监理，先后承担了国内外房屋建筑、市政环保、电力能源、石油化工、机电工程及各类工业工程领域的工程监理约 3500 项，总面积约 6000 万 m^2，累计总投资 2000 余亿元。公司共有 400 余项工程荣获中国建设工程鲁班奖、中国土木工程詹天佑奖、国家优质工程奖、中国钢结构金质奖、北京市长城杯及其他省市优质工程，积累了丰富的工程创优经验。

兴电国际稳健发展招标代理。先后承担了国内外各类工程招标、材料设备招标及服务招标约 3200 项，累计招标金额 720 余亿元，其中包括大型公共建筑和公寓住宅、市政环保、电力能源及各类工业工程。

兴电国际大力发展造价咨询。先后为国内外各行业顾客提供包括编审投资估算，经济评价，工程概算、预算、结算、决算，工程量清单，招标控制价等各类审计服务及全过程造价咨询在内的造价咨询服务约 1000项，累计咨询金额750余亿元，其中包括大型公共建筑和公寓住宅、市政环保、电力能源及各类工业工程。

兴电国际聚力推进项目管理（含全过程工程咨询）。着力构建全过程工程咨询业务体系，并率先跟随国家“一带一路”的步伐走向国际，承担了国内外房屋建筑、市政环保、电力能源及铁路工程等领域的项目管理约 180 余项，总面积约 240 万 m^2，累计总投资 600 余亿元，在工程咨询、医疗健康、电力能源及新能源、PPP 项目及国际工程等专业领域积累了丰富的项目管理经验。

兴电国际重视科研业务建设。全面参与全国建筑物电气装置标准化技术委员会（SAC/TC 205）的工作，参编多项国家标准、行业标准及地方标准，参加行业及地方多项科研课题研究，主编国家注册监理工程师继续教育教材《机电安装工程》，担任多项行业权威专业期刊的编委。

兴电国际管理规范科学、装备先进齐全。质量、环境、职业健康安全一体化管理体系已实施多年，工程咨询管理服务各环节均有成熟的管理体系保证。公司重视发挥集团公司的国际化优势和设计院背景的技术优势，建立了信息化管理系统及技术支持体系，及时为项目部提供权威性技术支持。

兴电国际注重党建及企业文化建设。公司重视发挥央企的政治优势，以“聚时一团火，散时满天星”的理念和“321”工作法开展党建工作，充分发挥党建引领群团的作用，培育和践行“创造价值，和谐共赢”的核心价值观，着力打造兴电国际品牌。秉承人文精神，明确了企业愿景和使命：建设具有公信力的一流工程咨询管理公司；超值服务，致力于顾客事业的成功。公司的核心利益相关者是客户，客户的成功将验证我们实现员工和企业抱负的能力。这些理念是兴电国际这艘航船的指南针，并在兴电国际持续改进的管理体系中得到了具体体现。

兴电国际将不忘初心，同舟共济，为我们所服务的工程保驾护航。通过打造无愧于时代的精品工程来实现我们的理想、使命和价值观，为客户、员工、股东、供方和社会创造价值！

（本页信息由北京兴电国际工程管理有限公司提供）

中国建设监理协会机械分会

中国建设监理协会机械分会（以下简称“机械分会”）于2004年6月30日获民政部批准设立，作为中国建设监理协会的分支机构，汇聚了机械电子行业多方力量。成员来自于行业内极具影响力的大型设计院、学术与科研实力领先的高等院校、实力强劲且底蕴深厚的国有企业，拥有业务精湛、素质优良的监理队伍。

机械分会目前拥有17家单位会员，其中具备综合资质的单位有8家，甲级资质单位达9家。其第五届理事会由1家会长单位、4家副会长单位以及7家理事单位共同构成。机械分会现有中国建设监理协会个人会员660余人。

自机械分会成立以来，在中国建设监理协会及各级领导的悉心关怀与大力支持下，积极开展各项工作。通过组织学习交流活动，助力会员单位提升管理水平；凭借机械电子工业行业特色，编写监理工程师继续教育《机电安装工程》教材，扎实开展监理人员培训，提升其履职能力；大力鼓励诚信创优，树立行业典型；踊跃参编行业标准，深度参与超70项行业课题研究，推动行业创新发展；召开年度会员大会，总结过往一年工作并展望下年度工作；以理事会为契机，共同探讨企业发展、管理、经营策略等事宜，共谋发展；开展创新研讨会，组织会员单位围绕企业经营、人力、信息化及综合办公管理等方面的创新进行主题交流；定期召开会长办公会议，专题研究分会各项事务；成立专家委员会，推动行业技术创新与标准化建设，承担协会布置的专业咨询工作；积极投身协会及行业活动，反馈会员单位诉求，为监理行业健康持续发展出谋划策。

会员单位紧跟我国监理行业发展的步伐，一路风雨兼程。以机械电子工业工程监理为根基，勇挑重担，承接了机械电子工业行业绝大多数国家重点工程的建设监理任务。在房屋建筑、市政环保、电力能源、机电安装以及其他工业工程等专业领域实现了快速拓展。立足工程监理这一核心业务，积极向招标代理、造价咨询、项目管理以及全过程工程咨询等业务领域进军。工程监理业绩遍布全国，并且随着“一带一路”倡议的推进，业务也成功延伸至海外。

机械分会紧密依托全体会员单位，秉持积极进取的精神风貌与踏实稳健的工作作风，携手同心、深度协作。全力聚焦于为会员单位打造更丰富、更优质的服务体系，进一步增强机械分会的凝聚力与行业影响力，深度投身到推动行业高质量发展的进程之中，奋力谱写监理行业创新发展的崭新华章。

（本页信息由中国建设监理协会机械分会提供）

机械分会2019年年会

机械分会2023年第五届会员大会合影

机械分会成立15周年暨2018年年会

机械分会四届八次理事会

机械分会四届四次理事会

2024年五届一次理事会合影

机械分会管理创新研讨会

会长办公会议

机械分会党日活动

机械分会参观学习

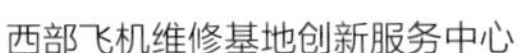

西部飞机维修基地创新服务中心

西安交通大学科技创新港科创基地

火炬创业广场

西安火车站北广场

西安市雁翔路北段道路、雨污水、电力管沟工程

西安高新国际会议中心

西安高新矩一建设管理股份有限公司

西安高新矩一建设管理股份有限公司（以下简称“矩一建管”，股票代码：874315，原西安高新建设监理有限责任公司）成立于2001年3月，是提供全过程工程管理和技术服务的综合性工程咨询企业。经过二十余年的发展，企业现有员工近500人（其中各类国家注册工程师200余人次），具有工程监理综合资质，为中国建设监理协会理事单位、陕西省建设监理协会副会长单位，是陕西省首批全过程工程咨询试点企业，已取得国家高新技术企业和商务部援外项目管理资格，主要从事项目管理、工程监理、工程司法鉴定、全过程工程咨询等业务，现已成长为行业知名、区域领先的工程咨询企业。

矩一建管始终坚持实施科学化、规范化、标准化管理，以直营模式和创新思维确保工作质量，全面致力于为客户提供卓越工程技术咨询服务。凭借先进的理念、科学的管理和优良的服务品质，企业得到了社会各界和众多客户的广泛认同，先后荣获住房城乡建设部“全国工程质量管理优秀企业”，中国建设监理协会以及省、市级“先进工程监理企业”“全国建设监理创新发展20年先进企业”等荣誉称号，40多个项目分获中国建筑工程鲁班奖、“詹天佑奖”、国家优质工程奖、全国市政金杯示范工程奖以及其他省部级奖项。

目前，矩一建管正处于由区域性品牌迈向全国知名企业的关键发展时期。企业全力推进转型升级和创新发展，持续开展规范治理和管理优化，并于2024年初在新三板挂牌上市，成为陕西省首家监理咨询挂牌企业。

展望未来，公司将以“铁军团队精神和特色价值服务”双轮驱动战略为引领，不断加强标准化与数智化建设、学习型组织和品牌建设，提升核心竞争力，锻造向上文化，磨炼职业化团队，延伸产业链条，探索行业纵深，勇担社会责任，加速形成新质生产力，为工程技术咨询服务行业的进步贡献价值。

企业使命：佑建美好家园

企业愿景：筑就具有公信力的品牌企业

核心价值观：高德溯远，新志求臻

企业精神：诚信、创新、务实、高效

经营理念：创造价值，服务社会

管理理念：科学化、规范化、标准化

质量理念：为客户提供卓越的工程技术咨询服务

人才理念：聚合价值，共同成长

地　址：西安市高新区丈八五路高科尚都·ONE尚城A座15层

邮　编：710077

电　话：029-81138676　81113530

传　真：029-81138876

网　址：www.gxpm.com

邮　箱：gxpm@gxpm.com

（本页信息由西安高新矩一建设管理股份有限公司提供）

河北省建筑市场发展研究会

一、概况

河北省建筑市场发展研究会是在全面响应河北省建设事业“十一五”规划纲要的重大发展目标下，在河北省住房和城乡建厅致力于成立一个具有学术研究和服务性质的社团组织愿景下，由原河北省建设工程项目管理协会重组改建成立，定名为“河北省建筑市场发展研究会”。2006年4月，经省民政厅批准，河北省建筑市场发展研究会正式成立。河北省建筑市场发展研究会接受河北省住房和城乡建设厅业务指导，并由河北省民政厅监督管理，于2022年10月完成第四届理事会换届工作。

二、宗旨

以习近平新时代中国特色社会主义思想为指导，遵守宪法、法律、法规和国家政策，坚持以“为政府决策服务、为企业需求服务、为行业发展服务、为社会进步服务”为核心理念，充分发挥桥梁和纽带作用，维护会员合法权益，加强行业自律，引导会员遵循“守法、诚信、公正、科学”职业准则，保障工程质量，为建设工程高质量发展作出贡献。

三、业务范围

（一）开展调查研究，提出培育、壮大、规范河北省建筑市场的建议，向政府有关部门报告；

（二）推动企业转型升级，推动“互联网+”、大数据、人工智能、数字化等新技术的应用；

（三）制定行业自律公约、职业道德准则等行规行约，推进行业诚信建设，建立会员信用档案。依法依规开展会员信用评估，督促会员守信合法经营；

（四）组织开展人才培训，业务、学术、观摩交流，行业知识竞赛、技术竞赛等活动，不断提高行业整体素质；

（五）选树行业典型，总结推广先进经验和做法；

（六）参与行业地方标准、团体标准制定；

（七）推进全过程工程咨询，开展全过程工程咨询服务标准、规程或导则的研究工作；

（八）维护会员合法权益，提供政策咨询与法律咨询；

（九）为工程造价纠纷调解提供服务；

（十）加强与国内外、省内外同行业组织的联系，开展行业合作与交流；

（十一）编辑出版《河北建筑市场研究》会刊、资料汇编、教材、工具书籍，制作相关影像资料；主办本会网站和微信公众号；

（十二）加强行业党建和精神文明建设，组织会员参与社会公益活动，履行社会责任；

（十三）承接政府及其管理部门委托的其他事项。

业务范围中属于法律法规规章须经批准的事项，依法经批准后开展。

四、会员

研究会会员分为单位会员、个人会员。

从事建筑活动的建设、勘察设计、施工、监理、造价等建筑市场各方主体，院校、科研机构等企事业单位，市级建筑行业社团组织，可以申请成为单位会员；

从事建筑活动的注册建造师、注册监理工程师、注册造价师等执业资格人员，或具有教授、副教授、研究员、副研究员、高级工程师、工程师等职称以及相关从业人员，可申请成为个人会员。

五、秘书处

研究会常设机构为秘书处，下设五个部门：监理部、造价部、综合保障部、政策研究和信息部、全过程工程咨询工作部。

六、宣传平台

河北省建筑市场发展研究会网站、《河北建筑市场研究》内刊、河北省建筑市场发展研究会微信公众号。

七、助力脱贫攻坚

研究会党支部联合会员单位，2018年助力河北省住建厅保定市阜平县脱贫攻坚工作，为保定市阜平县史家寨中学筹集善款11.8万元，用于购买校服和体育器材；2019年为保定市阜平县史家寨村筹集善款15.55万元，修建1000m左右防渗渠等基础设施，制作部分晋察冀边区政府和司令部旧址窑洞群导图、指示牌和标识标牌，购置脱贫攻坚必要办公用品。

八、众志成城共抗疫情

疫情发生后，研究会及党支部发出应对疫情倡议书，会员单位积极响应，捐款捐物，合计捐款189.97万元。

九、助力乡村振兴

按照河北省民政厅、河北省住房和城乡建设厅对乡村振兴工作的部署，2023年5月16日，研究会向会员单位发起积极参与乡村振兴的倡议书，助力保定市阜平县夏庄村和史家寨村乡村建设，共筹集善款93500元，2024年6月11日研究会向全体会员单位发出倡议，共筹集善款39850元。

十、组织灾后重建公益活动

2023年8月23日，研究会向会员企业发起倡议，倡导积极参与涿州献县地区灾后重建工作。研究会全体员工及部分会员企业，向灾区捐款捐物约148287元，其中，会员单位捐款136187元，研究会及员工捐款12100元。

十一、荣誉

中国建设监理协会常务理事单位，2018年度荣获“中国社会组织评估3A等级社会组织”“河北省民政厅助力脱贫攻坚先进单位”，2019年度荣获“河北省民政厅助力脱贫攻坚突出贡献单位”，2020年度荣获“京津冀社会组织跟党走—助力脱贫攻坚行动优秀单位”，2020年度荣获“社会组织参与新冠肺炎疫情防控优秀单位”，2023年度荣获“中国社会组织评估5A等级社会组织”。

地　址：石家庄市靶场街29号

邮　编：050080

电　话：0311-83664095

网　址：www.jzscyj.cn

邮　箱：hbjzscpx@163.com

（本页信息由河北省建筑市场发展研究会提供）

河北省建筑市场发展研究会牌匾5A等级社会组织

河北省建筑市场发展研究会5A等级社会组织证书

第四届四次理事会暨四届二次常务理事会

中国建设监理协会王早生会长到研究会调研

2024首届全国工程监理行业知识竞赛选拔赛暨河北省建设工程质量安全监理知识竞赛复赛

2024中国建设监理协会华北片区个人会员业务辅导活动

北京建设监理协会来研究会调研

2024年第二期“企业开放日”活动

“河北省建设工程监理文件资料与管理指南”开题论证会

2024年第一期“企业开放日”活动

河北省工程监理行业高质量发展研讨会

深入学习贯彻党的二十届三中全会精神以进一步深化改革推动河北省工程监理行业发展高质量暨第四届三次监理企业会长（扩大）座谈会

海宁皮革城项目（全过程工程咨询）

河南企业联合大厦

美盛教育港湾项目

阿里巴巴菜鸟仓储项目（郑州、西安、海口）

基于百兆瓦压缩空气储能综合能源示范项目 300MW 风力发电项目

郑州市西四环大河路项目

宁都中学公寓楼建设项目

原阳县 CBD 中心区市政基础设施项目施工监理

深国际海口智慧供应链基地项目

安徽财经大学现代产业学院和产学研创新实践基地建设项目（全过程工程咨询）

清鸿咨询
QINGHONG CONSULTING

清鸿工程咨询有限公司

清鸿工程咨询有限公司（以下简称“清鸿”）于 1999 年 9 月 23 日经河南省工商行政管理局批准注册成立，注册资本 5000 万元人民币。清鸿是一家具有独立法人资格的技术密集型企业，致力于为业主提供综合性高智能服务，立志成为全国一流的全过程工程咨询公司。

公司具有工程监理综合资质、水利部水利施工监理乙级资质、水土保持工程施工监理乙级资质、国家人防办工程监理乙级资质、工程咨询单位乙级资信预评价。

公司为河南省建设监理协会理事单位、河南省工程建设协会理事单位、河南省建设工程招标投标协会副秘书长单位、《建设监理》杂志理事会副理事长单位。公司荣获“2014—2023 年度河南省建设监理行业优秀工程监理企业”“全国 3A 级重合同守信用企业”“河南省建筑业骨干企业”“河南工程咨询行业十佳杰出单位”“河南咨询行业十佳高质量发展标杆企业”等称号，被中共金水区经八路街道工委授予“经八路街道党建工作先进党组织”“区域化党建工作优秀共建单位”称号。公司实施数字化解决方案，打造出集 OA 办公、项目管理、项目协同等功能于一体的数字化管理平台，覆盖咨询服务全过程，实现了业务管理标准化、项目信息在线化、业务流程数字化。

1999 年公司成立以来，参与建设了建筑工程、工业工程、人防工程、市政工程、电力工程、化工石油工程、水利工程、风电工程等千余项项目，荣获了“国家优质工程奖”“中国建筑工程装饰奖”“安全文明标准化示范工地”“质量文明标准化示范工地”“中州杯”“市政金杯奖”“工程建设优质工程”等奖项。

公司现有管理和技术人才涉及建筑、结构、市政道路、公路、桥梁、给水排水、暖通、风电、电气、水利、化工、石油、景观、经济、管理、电子、智能化、钢结构、设备安装等各专业领域。

系统管理：公司注重质量、安全和环境的管理工作，并建立了标准化的质量管理体系、职业健康安全管理体系和环境管理体系；同时，公司在总结既往项目管理经验的基础上进一步完善和规范工作程序，通过不懈努力，已形成了一套自有的规范化、程序化的管理制度，逐渐形成了公司特有的管理模式。

多年来，公司注重人才管理，用文化吸引人才，用待遇留住人才，用机制激励人才，用事业成就人才——这是清鸿工程咨询有限公司最根本的管理理念。

公司业务涉及：全过程咨询，建设工程监理、工程管理服务，公路工程监理，水运工程监理，水利工程建设监理，单建式人防工程监理，文物保护工程监理，地质灾害治理工程监理，工程造价咨询业务，BIM 技术咨询，第三方评估，招标投标代理服务，政府采购代理等。

（本页信息由清鸿工程咨询有限公司提供）

召开五届五次理事会

成立专家委员会

启动工程质量安全风险分级分类监管课题

举办全过程工程咨询培训

开展夏日送清凉活动

召开全省通讯联络工作会议

举办省监管公共服务系统操作实务培训

举办无人机应用技能培训

开展满意度调查走访活动

举办监理行业企业家高级研修班

举办首届全国监理知识竞赛浙江赛区总决赛

组织企业家赴川交流学习

浙江省全过程工程咨询与监理管理协会

浙江省全过程工程咨询与监理管理协会成立于2004年12月18日，其前身为成立于1999年的浙江省建筑业行业协会建设监理分会。

协会的办会宗旨为：以习近平新时代中国特色社会主义思想为指导，加强党的领导，践行社会主义核心价值观，遵守社会道德风尚；遵守宪法、法律、法规和国家有关方针政策，坚持为全省全过程工程咨询与建设监理事业发展服务，维护会员的合法权益，引导会员遵循“守法、诚信、公正、科学”的职业准则，成为会员与政府、社会的沟通桥梁，发展和繁荣浙江省全过程工程咨询及建设监理事业，提高浙江省全过程工程咨询及监理服务质量。

党的二十大以来，协会认真贯彻党的基本方针政策，严格落实上级各项指示指令，始终坚持“尽最大力推动行业发展、以最诚心服务会员企业”，在推动行业发展、服务会员企业方面做了大量工作，增强了协会凝聚力和号召力。在推动全体会员单位适应市场竞争、促进转型升级、提升服务能力、开展技术协作与交流等方面取得显著的成效，得到了会员单位和主管部门的广泛认可。

目前，协会共有会员单位680家，其中从事全过程工程咨询和工程监理的企业660家，从业范围涉及房屋建筑、交通、水利、电力、石油化工、市政、机电、冶炼、园林、通信、环保等十多个专业，基本覆盖了浙江省建设工程等各个领域。另外，协会还有部分大专院校、科研单位等其他类型的会员企业。

随着我国新时代建设管理模式的创新与改革步伐的加快，协会领导班子将矢志不渝地深化学习进程，不断强化自身建设并提升综合素养。秉承“提供服务、反映诉求、规范行为”的基本理念，积极投身于各项工作中，力求为广大会员单位带来更多、更优质的服务。

（本页信息由浙江省全过程工程咨询与监理管理协会提供）

江苏赛华建设监理有限公司

江苏赛华建设监理有限公司原系中国电子工业部所属企业，成立于1986年，原名江苏华东电子工程公司（监理公司）。公司是建设部批准的首批甲级建设监理单位，全国先进监理企业、全国守合同重信用企业、江苏省守合同重信用企业、江苏省示范监理企业，同时也是质量管理体系认证、职业健康安全管理体系认证和环境管理体系认证企业。2003年整体改制为民营企业。

公司现有专业监理人员500余人，其中国家级注册监理工程师160余人，高级工程师70余人，工程师近240人。

公司所监理的工程项目均采用计算机网络管理，并配备常规检测仪器、设备。

公司成立三十多年来，先后对两百余项国家及省、市重点工程实施了监理，监理项目遍布北京、上海、深圳、西安、成都、石家庄、厦门、汕头、南京、苏州、无锡等地。工程涉及电子、邮电、电力、医药、化工、钢铁工业及民用建筑工程，所监理的工程获"鲁班奖"、全国建筑装饰工程奖、省优（"扬子杯"）、市优等多个奖项，累计监理建筑面积5000多万平方米，投资规模4000多亿元。公司于1995年被建设部评为首届全国建设监理先进单位，并蝉联2000年第二届全国建设监理先进单位称号，2012年被评为"2011—2012年度中国工程监理行业先进工程监理企业"，2014年被评为"2013—2014年度中国工程监理行业先进工程监理企业"，2017年被评为"2015—2016年度江苏省监理行业先进工程监理企业"，2019年被评为"2017—2018年度江苏省监理行业先进工程监理企业"。

作为中国建设监理行业的先行者，江苏赛华建设监理有限公司不满足于已经取得的成绩，我们将继续坚持"守法、诚信、公正、科学"的准则，秉承"尚德、智慧、和谐、超越"的理念，发挥技术密集型优势，立足华东，面向全国，走向世界，为国内外顾客提供优质服务。

运河风光带酒店、办公楼

（本页信息由江苏赛华建设监理有限公司提供）

五洲国际商贸城

农业银行

吴中区文体中心

5GW 高效异质结电池及组件生产基地项目

尹山湖项目

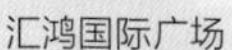

汇鸿国际广场

太湖金港

硕放中学

中能建松原氢能产业园（绿色氢氨醇一体化）项目

全国油气勘探开发技术公共创新基地项目

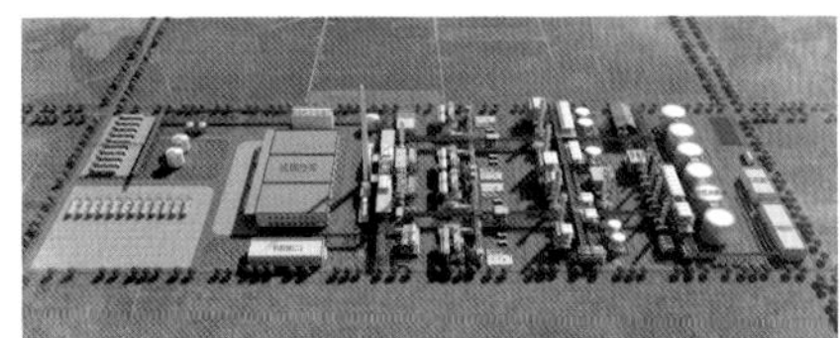
华锦阿美精细化及原料工程项目

山东 LNG 项目

山东管网东、南干线天然气管理工程

老 168 海油陆采平台及进海路工程

新星石油公司新疆库车绿氢示范项目工程第三方安全监督

埕岛中心三号平台及海上配套系统地面工程

火力发电厂及油田输变电项目

胜利油田东营原油库迁建工程

西气东输四线经过甘肃戈壁滩

齐鲁石化—胜利油田百万吨级 CCUS 示范项目二氧化碳输送管道工程

山东胜利建设监理股份有限公司

山东胜利建设监理股份有限公司成立于 1993 年，是一家集工程监理与工程技术咨询于一体的技术服务型企业。2004 年 8 月完成企业改制，2016 年 2 月成功在全国中小企业股份转让系统敲钟挂牌，正式更名为“山东胜利建设监理股份有限公司”。公司是中国建设监理协会理事单位、中国建筑业协会石化建设分会主任委员单位、山东省建设监理协会监事单位、东营市建设监理协会理事长单位。

在激烈的市场竞争中，公司通过不断创新管理、并购和资源整合，发展成为拥有北京石大东方设计、山东恒远检测和北京华海安科等 3 家全资子公司，并下设 7 个分公司、3 个业务中心的工程项目全过程咨询服务型集团公司。我们立足胜利油田，面向全国建设工程市场，业务覆盖全国二十多个省、市、自治区，近五年（2019—2023）公司参建项目达 4600 余项，项目总投资额超 4000 亿元，2023 年全国监理行业排名前 45 名。

公司自 2009 年 4 月成为全国首批取得国家工程监理综合资质的监理企业以来，凭借深厚的专业底蕴、先进的管理理念，形成了以工程监理和项目管理、勘察设计、招标代理、造价咨询、无损检测、安全评价服务六大业务板块为主的较为完整的建设工程技术服务产业链，能够为客户提供全过程、综合性、跨阶段、一体化的项目全生命周期咨询服务。公司各专业板块技术力量积累雄厚，在油田地面工程建设、石化炼化、长输管道、海洋工程等专业具备明显优势，其中 LNG 工程、长输管道工程、海洋工程监理居于国内领先地位。

人才是企业高质量发展的基石，公司建立健全人才梯队，现有职工近 1300 人，目前公司拥有各类在岗持证人员 787 人，国家注册持证人员 403 人，员工职业资格率达 61%。

自公司成立以来坚持以“科学监理，文明服务，信守合同，顾客满意”为宗旨，不断改革创新、高质量发展，得到了市场和业主的认可，多次被评为全国“先进工程建设监理单位”、中国建设监理创新发展 20 年“工程监理先进企业”、“山东省监理企业先进单位”、“山东省全过程工程咨询服务 4A 级会员单位”、“中国石化先进建设监理单位”；公司始终以“以人为本，诚信求实，创新管理，激活潜能”为经营理念，成为山东省首批诚信企业，并被授予“省级守合同重信用企业”“AAA 级信用企业”等称号。

卓越的工程监理服务和项目管理能力，铸就了胜利监理的辉煌，公司监理的海洋采油厂中心 3 号平台、山东液化天然气（LNG）项目等七十余项工程分别被评为国家优质工程金质奖、国家优质工程银质奖、山东省工程建设泰山杯、山东省建设工程优质结构杯奖、山东省建国 60 年 60 项精品工程等省部级以上奖项。

在探索与创新的征途上，我们以卓越的服务和不懈的追求，塑造了行业的新标杆。我们珍视每一位合作伙伴的信任与支持，以开放的心态和前瞻的视野，共同迎接每一个挑战与机遇。愿我们的理念和行动，如同璀璨的星辰，照亮彼此的前行之路，共创无限可能。

地　址：山东省东营市东营区西二路华纳大厦 19-20 层
电　话：0546-8782222 公司办公室
0546-8798829 生产经营部
0546-8798861 市场开发部
邮　箱：sljlgsbg@163.com

（本页信息由山东胜利建设监理股份有限公司提供）

重庆市建设监理协会

重庆市建设监理协会（以下简称“协会”），成立于 1999 年 7 月，是由在重庆市从事建设工程监理与相关服务活动的单位和组织自愿组成的地方性、非营利性、行业性社会组织。协会的宗旨是，以习近平新时代中国特色社会主义思想为指导，坚持党的领导，贯彻新发展理念，遵守国家法律法规，恪守职业准则，服务国家、服务行业、服务会员，加强行业自律，坚持创新驱动，维护行业利益和会员合法权益，促进重庆市建设监理行业高质量发展。

协会秘书处为常设办事机构，设综合办公室、培训部、行业发展部和法律服务部。协会下设专家委员会、自律委员会、全过程工程咨询分会。

协会始终坚持党的全面领导，认真履行职能职责，积极推动党和国家的方针政策、法律法规在重庆建设监理行业落实落地，定期举办行业职业培训、继续教育，组织专题讲座，开展交流学习，为会员提供政策咨询、法律咨询、市场信息，推动行业诚信自律，指导企业提高经营管理水平，增强核心竞争力。切实维护会员合法权益，积极向政府相关部门反映行业诉求，促进重庆工程监理行业健康发展，被重庆市住房城乡建设委员会授予“会员之家”称号，重庆市民政局评为 4A 级社会组织。

重庆市建设监理协会召开第六届会员代表大会后，新一届领导班子以习近平新时代中国特色社会主义思想为指导，全面贯彻党的二十大精神，坚持政治治会、依规治会、服务兴会，以构建责任型、服务型、数字型、效能型、品质型“五型协会”，打造服务咨询平台、交流合作平台、学习展示平台、诚信自律平台、规范发展平台“五大平台”为目标，坚持以服务为核心、以创新为引领、以开放为动力、以效率为重点的工作导向；以聚焦建设监理行业市场、聚焦企业核心竞争力、聚焦监理人才队伍建设、聚焦行业发展目标为重点，努力实现重庆建设监理行业从传统咨询服务到价值链创新服务提升，从提供单一监理服务到一站式整体解决方案的能力提升，从提供施工阶段的服务向全过程全生命周期咨询服务提升，从服务客户到贴近需求和关注客户体验提升，从自我经营到协作共生和加快产业共生效应提升，为重庆建设监理行业高质量发展，助力实现中国式现代化作出新的更大贡献。

山西省委、重庆市委社会工作部来重庆市建设监理协会调研

京津沪渝直辖市建设监理协会联席会

重庆市委社会工作部来重庆市建设监理协会指导工作

中国建设监理协会“建筑工程现场监理数智化实施方案研究”课题组——重庆调研座谈会

学习贯彻党的二十大精神专题党课

学习贯彻党的二十届三中全会精神

会员代表大会签订自律公约

召开会员代表大会

协会开展“赛迪轻链”数字化全过程工程咨询平台培训

协会全过程咨询分会举办“对全过程工程咨询的认识与思考”专题培训会

（本页信息由重庆市建设监理协会提供）